인적오류 조사를 위한 실무 지침서

The field guide to human error investigations

참사는 이제 그만

Sidney Dekker

백주현 · 송진호 역

GS인터비전

서문

여러 사람이 관여한 사고를 조사관 여러분이 마주하는 경우, 논란이 많고 이해하기 어려운 사고 당사자의 판단이나 조치에서 무엇을 찾아내야 할까? 여러분이 택할 수 있는 접근은 근본적으로 다음에 언급한 둘 중 하나일 텐데, 여러분의 선택에 따라 문제의 초점, 의문점, 해결책 그리고 궁극적으로는 사건의 성공적인 진단뿐만 아니라 안전성 향상 가능성이 좌우될 것이다.

- 여러분은 인적 오류를 사고의 원인으로 볼 수 있다. 이럴 경우 "인적 오류"는, 그것이 어떤 식으로 표현되든지, 적절한 상황파악 부재, 절차위반, 규제 오류, 관리허점 등으로, 여러분이 수행한 조사의 결론이 된다.
- 여러분은 인적 오류를 시스템 깊숙한 곳에 내재하는 문제점이 표출된 증상으로 볼 수도 있다. 이 경우, 인적 오류는 여러분이 수행할 조사의 시발점이 된다. 여러분이 알아내야 할 것은, 사건 당사자의 도구, 직무, 운영 및 조직 환경에 인적 오류가 시스템적으로 어떻게 연결되어 있는가 하는 것이다.

첫 번째 것은 인적 오류에 대한 낡은 관점이고, 두 번째 것은, 50년도 더 된 것이긴 하지만, 인적 오류에 대한 새로운 관점이다.

[표 0.1] 인적 오류에 대한 두 가지 관점

낡은 관점	새로운 관점
· 인적 오류가 사고의 원인이다. · 사고를 설명하기 위해, 종사자의 실수를 찾아야만 한다. · 종사자가 범한 부정확한 평가, 틀린 결정, 잘못된 판정과 같은 잘못을 찾아야만 한다.	· 인적 오류는 시스템 깊숙한 곳에 내재하는 문제점이 표출된 증상이다. · 사고를 설명하기 위해, 종사자가 잘못한 것을 찾지 않는다. · 오히려, 그 당시 그를 둘러싼 환경에서 종사자가 행한 판단 및 조치가 어떤 의미가 있는지를 찾으려 해야 한다.

이 실무지침서는 시스템 장애가 발생하였을 때 인간의 관여를 새로운 관점에서 재구성하도록 조사관 여러분을 도와주고자 한다. 이 책의 2부에서는 "역방향 공학"을 통해 복잡하게 전개된 상황에 처한 종사자의 정신상태가 어떻게 변화하는지 알 수 있는 방법을 제시한다. 또한 이 실무지침서를 통해 종사자가 과거에 저지른 모호한 행동을 조사관 여러분이 이해하는 데 따르는 편견과 애로사항에 대해 알았으면 하며 이에 대해서는 이 책의 1부에서 다루고자 한다.

실무지침서 1부

이 실무지침서 전반부 6개의 장은 인적 오류의 낡은 관점, 즉, 낡은 관점이 안고 있는 문제점, 함정, 그리고 그 함정에 빠지게 만드는 유혹을 다루고자 한다. 6개의 장을 통해 여러분이 이해하게 될 것은 다음과 같다.

- 썩은사과 이론: 소수의 썩은사과를 솎아낸다고 저변에 깔린 인적 오류 문제를 없앨 수 없는 이유
- 사고에 대한 반응: 사고를 보고 놀라서 쉽게 썩은사과 이론으로 되돌아가는 이유
- 근본적 또는 주된 원인은 없다는 것: 사고는 복합적 요인에 의한 것으로, 즉 개별 요인은 필요조건이며 서로 결합되어야만 충분조건이 된다는 것
- 다양한 심리학적 꼬리표를 붙여 인적 오류를 이해한다는 환상에 빠지지만 이런 꼬리표로 알게 되는 것보다 모르는 것이 더 많다는 것
- 사람의 마음을 들여다보는 것만으로는 인적 오류를 설명할 수 없는 이유: 그런 행동을 하게 된 상황을 이해해야 한다.
- 인적요인 자료를 그것을 취한 맥락 안에 남겨둘 필요가 있는 이유: 맥락을 벗어난 선별적 취사선택이나 부분합치로는 자료가 갖는 원래 의미를 파악할 수 없다.

실무지침서 2부

이 실무지침서 후반부 7개의 장은 인적 오류가 실수로 인한 그 무엇이거나 어쩔 수 없는 그 무엇일 필요가 없다는 것을 밝혀준다. 2부에서 조사관 여러분에게 밝히려는 것은 인적 오류를 찾는 "역방향 공학"의 구체적 방법에 대한 것으로, 인적 오류를 다른 사고 요인들과 함께 제자리로 돌려놓을 필요에 대한 것이다. 역방향 공학을 통해 알 수 있는 것은, 종사자가 일할 때 주어졌던 직무와 사용하는 도구의 특성, 그리고 종사자가 업무를 수행할 때의 운영 및 조직 환경과 종사자의 행위 사이의 시스템적 관

계를 재구축하는 방법에 대한 것이다. 이 실무지침서를 통해 다음과 같은 사항을 이해하게 될 것이다.

· 어떻게 절차와 여타의 상황이 종사자를 둘러싸고 전개되는지
· 어떻게 종사자의 판단 및 조치가 상황 변화에 따라 바뀌는지
· 어떻게 종사자가 사용하는 도구나 직무의 특성 그리고 조직 및 운영 환경이 종사자의 판단 및 조치에 영향을 미치는지

실무지침서가 전제로 하는 것은, 만약 여러분이 종사자의 행위가 이루어졌던 변화하는 상황을 정말 이해하였다면, 그 상황 속에서 했던 행위를 이해할 것이라는 것이다. 후반부 7개의 장에서 얘기할 것은 다음과 같다.

· 인적 오류는 시스템 깊숙한 곳에 내재하는 문제점이 표출된 증상이다. 종사자의 행위와 그를 둘러싼 상황의 연결을 통해, 문제의 근원을 알게 되고 행위에 대한 설명이 가능하게 될 것이다.
· 어떻게 그리고 어디서 인적요인 자료를 구할까: 역사적인 자료나, 인터뷰와 보고서, 그리고 공정에 대한 기록을 통하여 가능하다.
· 종사자가 전개한 정신상태를 재구성하는 방법: 이것이 바로 핵심인데 이를 중심으로 나머지 실무지침서가 전개된다.
· 사고 유형: 복합적이고 동적인 세상에서 발생하는 다양한 사고 유형으로 조사관 여러분을 안내할 텐데, 신기술 때문인 것도 있고, 겉보기에 해가 없는 행동을 무심코 반복하다가 사고가 발생한 것도 있고, 절차 적응에 실패하거나 절차를 적응해서 실패한 것도 있고, 조정이 와해된 것도 있다.
· 의미 있는 인적요인 권고문 작성에 대한 것이다.
· 사고로부터 교훈을 얻는 것이 사고 조사의 궁극적 목표이다: 사고는 교훈을 얻을 기회를 제공하지만, 다양한 이유로 기회를 잃는다.
· 인적 오류 사고에 적용할 규칙: 이 규칙은 인적 오류를 이해하는 단계적 방법으로서 이 책에서 얻을 수 있는 가장 중요한 교훈으로 마감한다.

목차

제1부

인적 오류에 대한 낡은 관점

인적 오류가 사고의 원인이다.

사고를 설명하기 위해, 실수를 찾아야만 한다.

종사자가 저지른 부정확한 평가, 틀린 결정
그리고 잘못된 판정을 밝혀야 한다.

1. 썩은사과 이론

기본적으로 인적 오류를 보는 두 가지 시각이 있다. 첫 번째가 "썩은사과 이론"이라 부르는 것이다. 이 이론이 뜻하는 바는

· 시스템은 문제가 없으며, 단지 일부 믿지 못할 인간들(썩은사과들)이 저지르는 엉뚱한 행위만 없다면 사고가 없다는 것이다.
· 인적 오류가 사고를 유발한다: 사고 원인의 2/3 이상이 인간 때문이다.
· 시스템에 장애가 발생하면 놀랍고 짜증스럽다. 시스템 장애는 얘기치 않은 것이지만 시스템 때문이 아니다. 시스템 장애를 일으키는 것은 오직 믿음직스럽지 못한 인간 때문으로 어쩔 수 없다.

이 장은 첫 번째 관점에 대한 것이며 이 후 5개의 장은 이런 관점이 갖는 근본적인 문제점과 혼란에 관한 것이다.

미국에서는 수시로 사형선고에 대해 격렬하게 논쟁이 벌어진다. 사형선고에 대한 연구를 통해 시스템이 취약하고 오류투성이라는 것이 밝혀졌기 때문에, 일부 주에서는 법적으로 사형집행을 아예 막아버리고, 다른 주에서는 죄 없는 사람의 사형 집행을 저지할 방법을 찾는 노력을 한다.

위 논쟁을 통해 사람들이 오류의 근원에 대해 어떻게 생각하는지 알 수 있다. 한편의 주장은 이럴 것이다: "피고의 인권을 보호하는 시스템은 옳다. 개선이 필요한 것은 시스템을 운용하는 인간이다. 실수로 증거를 채택하지 않는 것은 판사다. 변호인에게도 개선이 필요하다."[1] 즉, 근본적으로 시스템은 안전하나 썩은사과를 포함하고 있기 때문에, 법 집행의 오류를 방지하는 방안은 이런 인간들로부터 시작해야 하며, 이런 인간들을 제거하거나, 재교육시키거나, 훈련시켜야 한다는 것이다.

그렇지만 사형선고의 경우, 가장 경험이 적고, 가장 솜씨가 없고, 가장 보수가 낮은 국선변호사를 고용하는 관례가 시스템적인 문제가 아니면 뭐란 말인가? 판사가 증거를 채택하는 규정이 시스템적이지 않으면 뭐란 말인가? 때때로 목격자의 진술로 정당성을 입증하거나 기각하는 것과 같이, 증거의 애매한 성격이 시스템에 내재된 것이 아니면 뭐란 말인가?

오류에 관한 논쟁에서는 두 가지 관점이 가능하다. 하나의 관점은, 오류는 썩은사과에 의한 것으로, 누군가가 조금 더 주의를 기울이거나 조금 더 노력했다면 끔직한 결과를 피할 수 있었다는 것이다. 이런 관점을 갖고는, 시스템 안에 있는 인적요소에 대한 불신을 대처하기 어렵다.

다른 하나의 관점은, 감지하기 힘든 취약점이 많은 시스템에서, 최선을 다하고 있는 인간들에게, 오류는 피할 수 없는 부산물이라는 것으로, 왜냐하면 이런 시스템에서는 위험 요소와 안전 위협 요소가 상시 변화하며, 상황 전환이나 변화는 지속적이기 때문이다. 그리고, 이런 시스템에서는 운영 효율성 측면과 안전(예를 들면: 피고인의 인권보호) 측면이 대립한다. 이런 관점에서 볼 때, 오류는 시스템 내부 깊숙이 내재하는 문제점이 표출된 증상이다. 인적 오류에 대한 논란처럼, 인적 오류로 인한 사고에 대한 조사도 선택의 문제다. 다양한 유형 중 하나로 썩은사과 이론을 택하거나, 인적 오류의 새로운 관점이라고 알려진 것을 택할 수 있다.

보잉 747 점보기 한 대가 공사 중에 유도로로 사용하고 있는 활주로를 이륙하다가 추락했다. 그 당시 날씨는 끔찍했는데, 태풍이 다가오고 있어서 바람은 거세고 시계는 나빴다. 공사 중인 활주로의 모든 표지와 조명 그리고 지시표시는 완벽하였고 본래 이륙하도록 지정된 활주로와 가까이 나란하게 있었다. 이 활주로는 상당 기간 유도로로 사용됐으며, 공교롭게도 사고 발생 후 몇 시간 지난 다음 날 자정이면 공식적으로 활주로가 될 것이었다. 조종사들은 여러 해에 걸쳐 혼동 가능성에 대해 불만을 토로했는데, 그 활주로가 진짜가 아니기 때문이 아니라, 공황 관리자가 "폭풍치는 어두운 밤에 빠질 수밖에 없는 함정을 팠기" 때문이라는 것이다. 하지만, 국가 항공 관리 책임자는 "활주로, 신호, 조명은 국제적 요건"에 합당하다고 했으며 "재난을 초래한 것은 인적 오류가 틀림없다"고 했다. 다른 말로 하면, 단순히 인적 오류가 사고의 원인이며, 그저 그게 전부였다. 오류로 인해 증상으로 표출된 내재하는 문제점에 대한 것은 없었다.

사고 조사의 궁극적 목표는 사고로부터 배우자는 것이다. 배움으로 가는 길에는, 대부분의 조사관이 취한 길로서, 새로운 관점을 따르려는 의지로 가득 차 있다. 조사관이 밝히려는 것은 개인적 오류 뒤에 가려진 시스템의 취약성이다. 조사관이 다루는 것은 오류 유발 상황으로, 그대로 둘 경우, 기본적으로 동일한 유형의 사고가 반복되는 상황이다.

그러나, 실제로 많은 경우 조사관이 귀착하는 것은 썩은사과 이론인데, 지적 사항도 그렇고 권고 사항도 그렇다. 조사관이 사고의 잔해를 뒤져 골라내려는 것은

· 변덕스럽고, 잘못되고, 부적절한 행위에 대한 증거를 찾고
· 종사자가 저지른, 잘못된 결정, 부정확한 평가, 지침서 위반을 밝히고
· 특히 잘못을 저지른 실무자를 끄집어내는 것이다.

때때로 조사관이 도달한 결론은, 일선에서 일하는 운전자가 일부 자료를 무시하거나, 사후에 타당하다고 밝혀진 절차서를 따르지 않았다는 것이다. 조사관이 권고하는 것은, 특정 개인의 강등이나 재교육 그리고 절차나 감독을 강화하는 것이다. 이렇게 썩은사과 이론으로 회귀하게 되는 이유는 다양하다. 예를 들면

· 조사에 필요한 자원에 제약이 있기 때문이다. 수개월 안에 결론을 내야 한다면 시간과 돈이 부족할 수 있다.
· 사고에 대한 반응 때문이다. 겉보기에 잘못된 행적을 보면 비난하지 않을 수 없다.
· 사후확신 편향 때문이다. 조사 받는 종사자를 둘러싼 진실을 왜곡시킨다.
· 사고의 근본을 깊이 파고드는 데 대한 정치적 거부감 때문이다. 특정 자료에 대한 접근을 현실적으로 어렵게 하거나 특정한 제안을 하지 못하게 한다.
· 인적요인에 대한 조사관의 지식 부족 때문이다. 인적 오류 뒤에 깊숙이 감춰진 근본원인을 알고 싶다 해도, 조사관은 어디를 어떻게 봐야 할지 정말 모를 수 있다.

여러 각도에서, 이 실무지침서는 이에 대한 이유를 다뤄보려 한다. 그런 다음에 인적오류 조사에 대한 접근 방법을 제시하려 하는 데, 아직 확실한 지침이 없기 때문이다.

1.1 믿지 못할 것은 사람이며 시스템은 근본적으로 안전하다.

이 장에서는 인적 오류에 관한 썩은사과 이론을 다룬다. 썩은사과 이론으로 인적 오류를 보게 된다면, 안전을 향상시키기 위해 모두가 동의하는 한 가지 생각은 다음과 같은 것이 된다:

> **시스템은 근본적으로 안전하다.**
> **이 시스템은 미덥지 않은 사람으로부터 보호되어야 할 필요가 있다.**

피치 제어 시스템에(항공기를 상승시키거나 하강시키는 시스템에) 고장이 생긴 VIP 제트기를 운전한 조종사가 재제를 받았다. 하강 시 비행기가 극심하게 요동치는 바람에 뒷자리에 벨트를 체결하지 않은 승객 7명이 목숨을 잃었기 때문이다. 사건을 추적하다 확인된 주요사항은 조종사들이 조종석의 경고를 고장 난 것으로 생각하여 "무시했다"는 것과 하강을 시작할 때 좌석벨트를 체결하라는 신호등을 켜지 않았다는 것인데, 비행 절차서는 그렇게 하도록 되어 있었다. 비디오에 담긴 조종사들의 실수는, 얼마 있지 않아 죽음을 맞이한 승객 중 하나가 촬영한 것이다. 조종사들은, 벨트를 착용하고 있었고, 혼란 속에서도 살아남았다.[2)]

종잡을 수 없는 인간행위로부터 시스템의 안전을 보호하기 위해 추천되는 단골 메뉴는 다음과 같다.

- 절차를 강화하고 규제와의 거리를 좁힌다. 이렇게 되면 운전원이 운신할 폭이 줄어든다. 따라서 오류를 범하기 어렵게 된다.
- 인간이 하는 일을 감시하거나 대체하기 위해 더 많은 기술을 도입한다. 만약 기계가 일을 한다면, 인간이 그 일을 했을 때 범할 수 있는 오류를 막을 수 있다. 게다가 만약 기계가 인간을 감시한다면, 잘못된 인간의 행위를 제지할 수도 있다.
- 결함 있는 실행자(썩은사과)가 다시는 시스템을 붕괴시키지 못할 것을 확실하게 한다. 그들에게 "행정 처분"을 하는데, 예를 들면, 강등시키거나, 교육을 시키거나, 다음번엔 더 잘하라고 압력을 행사하거나, 법정에 세우거나, 처벌을 통해 그와 동료들에게 서서히 공포감을 조성한다.

이런 관점으로 인적 오류를 본다면, 사고 조사는 "인적 오류"라는 꼬리표를 달고 무사히 끝이 나는데, 인적 오류의 유형이 뭐가 됐든 상관없다(예를 들면: 경고등 무시, 절차 위반). 이런 식으로 결론을 내리기 때문에 시스템에서 끊이지 않고 사고가 발생한다고 볼 수 있다.

1.2 안전성 향상에 대한 환상

썩은사과 이론으로 인한 폐해는 심각하고 고질적이다. 이 관점에 의거하여 안전성을 향상시킨다는 것이 종종 일장춘몽으로 끝난다. 예를 들면, 개인의 실수에 집착하다보면 근저에 깔린 문제점을 해소할 수 없다. "결함 있는" 실행자를 제거(썩은사과를 축출)한다고 해서 그들이 범한 오류 발생 가능성이 제거되는 것은 아니다.

밝혀진 바에 의하면, VIP 제트기가 피치 휠 시스템이 고장 난 채로 운행한 것은 오래된 일이다('그 경고등 말입니까?, 지금까지 4개월 동안 켜져 있었습니다.'). 조종사들은 VIP 제트기를 운영하는 항공사로부터 그리고 그것을 정비했어야 할 조직으로부터 시스템 문제를 떠안았다.

다른 말로 하면, 본보기로 사람을 바꾸거나, 썩은사과를 제거하여 운영조직의 구성을 바꾼다고, 장기적인 효과를 기대하기 어려운 것은 종사자가 처한 기본 상황은 바뀌지 않기 때문이다.

1.2.1 더 많은 절차 추가

절차를 추가하거나 현 절차를 보강한다고 해서 절차 준수가 보장되는 것은 아니다. 사고가 발생했을 때 통상적으로 하는 일이 과도하게 절차를 세분화하는 것으로, 다시 말하면, 운영 상 허점을 메꾸기 위해 절차를 더욱 더 자세하게 하든지 규칙을 철저하게 지킬 것을 요구하지만, 최근에 발생한 사건에 국한될 뿐이다. 이것이 안전에 대한 투자로 바람직할까?

그럴듯하게 보이지만, 더욱 더 자세하고 더욱 더 제약이 있는 규칙을 추가해서 절차가 과도하게 세분화되면 절차와 관행 사이의 간격이 좁아지기는커녕 벌어지기만 할 따름이다. 관행은 변화하는 속성이 있고 전후 사정에 따라 다르기 때문에 이에 맞추다보면 규칙은 점점 더 늘어나게 마련이다.

지침서와 운영 상 관행이 어긋나는 일이 항상 있게 마련이라는 것은 사실이다. 준법투쟁을 떠 올려보자, 역사적으로 볼 때 준법투쟁은, 항공 관제사나 세관원처럼 규칙과 규정을 철저히 지켜야 하는 직업에 종사하는 사람들이 해당 산업 부문에서 써먹는 수법이다. 뭘 뜻하는 것일까? 파업을 원하지 않거나 할 수 없는 경우 사람들끼리 하는 말이, "모든 규정을 준수해서 바꿔버리자!"라고 한다. 이렇게 되면 시스템은 끝도 없이 나락으로 떨어진다. 결국은 교착상태가 된다. 법을 글자 그대로 따르다보면 일이 되지 않는다. 이렇게 하면 파업과 같거나 더 좋은 효과를 얻을 수 있다.

VIP 제트기가 하강 시점에 좌석벨트 신호를 켰어야 했다고? 비행기 내부의 가구 배치를 볼 때, 그리고 승객들이 비행 중 회의를 하거나, 구상을 하거나, 일을 하거나, 토론을 하거나 하는 등의 다양한 일을 제대로 하려면 꼭 필요할 때만 벨트를 착용하게 하는 것이 바람직하다. 조종사는 원하기만 하면 언제나 좌석 벨트 신호등을 깜박거리게 할 수 있지만, 일단 12,300미터에서 하강을 시작하고 나서는 신호등을 켜는 것이 무의미하다.

그런데 VIP 제트기 조종사를 고용하는 사람이 누군가? 그는 뒷 자석에 앉은 사람이다. 누가 누구에게 무엇을 요구하는지는 쉽게 짐작이 갈 거다. 그리고 왜 하강 시점에만 경고등을 켜야 하나? 이 절차가 단지 지금 언급하고 있는 VIP 제트기 사고에서 하강 시 제어 불능에만 적용되는 절차라는 것은 말도 안 된다. 정속 운항 중 사망은 어찌 해야 한단 말인가. 이런 식의 자연적으로 발생하는 변화에 대해 절차서는 속수무책이다.

폭주하는 규제를 만족시키기 위한 업무로도 새로운 절차가 많이 만들어 진다. 절차서와 관례가 엇박자를 내는 것은, 사람들이 알고서 절차를 위반하기 때문이 아니라 절차서가 양도 많고 제약도 강화되기 때문이다.

최근에 대형 항공사의 부사장으로부터 지난 몇 년간에 걸쳐 퇴직한 여러 간부 직원들이 한 얘기를 전해 들었다. 거의 모든 간부 직원들이 한 얘기는 항공기 운영지침서를 새로운 절차에 따라 개정하는 것이 지겨웠고, 새로운 절차는 끊임없으며, 때때로 별다른 이유 없이 단지 최근에 있었던 사소한 사건 때문에 드러난 틈을 메우기 위한 것이었다. 이들은 서신함에 서류가 쌓여가도 별로 신경을 쓰지 않았다는 것이다. 그렇게 했어도 이들 퇴직한 간부 직원 모두는 지금까지 생생하게 살아 있으며 지난 몇 년 동안 아주 안전하게 비행기를 탔다는 것이다.

1.2.2 기술을 조금 더 추가하기

기술을 추가한다고 인적 오류가 제거되지는 않고 다른 데로 옮기거나 변질된다.

경고등은 인적 오류 문제를 해결하는 것이 아니라 새로운 인적 오류를 유발하기도 한다. 경고등의 역할은 무엇인가? 경고등이 켜지면 어떻게 해야 하나? 경고등을 끄려면 무엇을 해야 하나? 어제 경고등이 켜졌지만 아무 일도 없었다면, 오늘 경고등이 켜졌다고 신경이나 쓰겠나?

경고등이 실제로 갖고 있는 의미는 뭘까? 경고등은 설정치를 넘어가는 것을 지시해주는 장치로서, 전자적 또는 전자기적 설정치를 초과하면 깜박거리기 시작한다. 특정 값이 설정치 아래라면 경고등은 켜지지 않는다. 설정치를 초과하면 경고등이 켜진다. 하지만 항공기 비행은 순조롭고 작동도 정상일 때, 경고등이 켜져 있다면 무슨 의미가 있을까?

1.3 왜 썩은사과 이론은 인기가 많을까?

1.3.1 값싸고 쉽다

그렇다면 사람들이 썩은사과 이론에 집착하는 이유는 뭘까? 이유는 많다. 한 가지 이유는 그것이 안전을 다루기엔 상대적으로 단순하기 때문이다. 이해하기 쉽고 이행하기 쉽고 상대적으로 저렴하다. 썩은사과 이론이 의미하는 바는, 사고란 예외적이며 순간적인 교란으로서 이런 일이 없다면 수행이 순조롭고 운영은 안전하다는 것이다. 근본을 흔들거나 추가 비용을 지불해야 할 필요는 전혀 없다.

아르헨티나 병원 한 곳에서 미국 의약품 복용으로 환자 한 명이 숨졌는데, 이 환자를 포함하여 여러 환자에게 투약이 이뤄졌다. 이런 상황은 허가받지 않은 의약품 임상시험의 일환으로 최종적으로는 북중미 시장을 겨냥한 것이다. 수도 없이 많지만, 이것은 소득격차를 상징적으로 보여주는 최근 사례에 지나지 않는데, 서방국가의 제약회사가 제 3세계의, 가난하고, 부패하고, 상대적으로 정보도 부족하고, 보건복지가 취약한 여건에서 의약품을 시험한 것이다. 사고가 발생하자 제약회사가 재빨리 "이 사례는 예외적이다"라고 주장하였으며 "감독과 품질보증 시스템은 모두 효과적으로 작동했다"라고 강조하였다. 말하자면, 시스템은 안전했는데, 단순히 썩은사과를 제거할 필요가 있었다는 것이다. 병원은 이 일에 관여한 의사들을 파면했고 검찰은 의사들을 살인죄로 기소했다.[3)]

1.3.2 체면 세우기

사고 발생 이후에, 대중의 이미지를 유지하려는 압박이 있을 수 있다. 결함 있는 실행자를 솎아내는 것은 항상 체면을 세우는 데 바람직한 시작이다. 이렇게 해서 사고는 시스템적 문제가 아니라 지엽적으로 사소한 결함이고 이를 제거하면 운영은 순조로울 것이라고 대중에게 알려준다.

로스알라모스 원자력연구소에서 두 개의 하드 디스크에 담긴 비밀 정보가 없어졌는데, 수개월 후 미심쩍게도 복사기 뒤에서 발견됐다. 이런 실수는 절대 있을 수 없으며 연구소 보안엔 문제가 없어야 한다는 중압감 속에서, 에너지성 장관은 이 사건의 성격을 "인적 오류이며 실수"라고 규정지었다. 보안 규정을 무시했거나 소홀히 해서 딴 곳에 하드 디스크를 둔 것 같다고 책임자가 얘기했다. 에너지성 부장관이 "연구소 직원 대부분은 충실히 업무를 수행하고 있는데, "몇 개의 썩은사과가" 숨어 있었던 것 같으며 이로 인해 보안이 철저하게 지켜지지 못했다."고 덧붙였다.4)

1.3.3 개인적 책임과 전능에 대한 환상

인적 오류에 대한 썩은사과 이론에 집착하는 또 하나의 이유는, 절대적 안전을 요하는 산업에 종사하는 사람들은, 그들의 행동 결과에 대해 개인적 책임이 막중하다는 생각을 당연하게 여긴다는 것이다. 종사자들은 이러한 책임 때문에 훈련과 보수를 받는다고 생각하며, 또한 책임지는 것을 자랑스럽게 여긴다.

하지만 다른 측면에서 볼 때, 이런 책임을 진다는 것은, 종사자들이 책임에 어울리는, 즉, 책임에 대응하는 권한이나 힘을 갖고 있다는 가정이어야 한다. 이런 가정은 종사자들이 오류를 범하거나 범하지 않거나를 쉽게 선택할 수 있다는 것으로, 그들이 처한 환경은 고려하지 않은 것이다. 그리고, 이것은 전능에 대한 환상이다. 이런 얘기는 애들이 십대 초반에나 하는 뺑치는 소리에 지나지 않으며, "내가 하지 않았기 때문에, 절대로 그런 일이 일어날 수 없다"라는 일부 항공사 책임자가 하는 허풍에 지나지 않는다.

조사관은 때때로 종사자 자신이거나 그런 업무를 수행한 적이 있는 사람이기 때문에 동료 종사자에게 자유 선택권이 부여된 것으로 과대평가하기 쉽다.

어떤 항공사의 조종사가 공항에 좀 더 빨리 착륙하려고 예정되지 않은 활주로를 선택했다. 승무원들이 서두르다보니 착륙이 엉망으로 진행되어 비행기가 경미한 피해를 입었다. 그 활주로를 선택한 이유를 묻자 승무원들은 도착 지연으로 인한 연결편 승객 다수의 불편을 거론했다. 진정한 조종사라면 그 정도의 압력은 뿌리칠 수 있어야 한다는 것이 조사관의 반응이었다.

하지만 진실은, 종사자가 이런 압력을 뿌리칠 수 없으며, 그들을 고용한 조직에서도 그렇게 하는 것을 허용하지 않는다는 것이다. 종사자가 무중력 상태에서 운전하는 것이 아닌 것이, 그들이 결정하거나 행동할 때 항상 힘이 작용한다. 오류를 범하거나 범하지 않거나 하는 것은 선택사항이 아니다. 오히려 종사자가 업무 수행 시 복합적 요소에 의해 제약을 받는다. 개인의 책임은 개인의 권한과 어울릴 수가 없다. 개인의 권한은 시스템의 다른 사람이나 부서에 의해, 여타의 압력에 의해, 여타의 결함에 의해, 제한을 받을 수 있다.

VIP 제트기의 경우, 피치 시스템과 관련한 경고등에 대해 조종사가 어떤 조치를 취해야 하는지를 말해주는 점검표가 없다는 것이 밝혀졌다. 절차는 요동을 피하려면 항속을 260 노트 이하로 감속하라고 지시하고 있다. 하지만, 교범에는 절차가 없었다. 절차를 조종석에서 찾을 수 없었다. 그런데 그런 건 운항 중에 생각해 낼 수 있는 성질의 것이 아니다.

1.4 이 이야기에서 잘못된 것은 무엇일까?

만약 조사관 여러분이 인적 오류를 설명하려 하는데, 종사자 개개인이 태만했거나 무사안일이었다는 것을 기대해야 하거나, 대부분의 사람들은 업무를 충실하게 수행할 동기가 충분하지 않다고 해야 한다면, 아직은 설명할 단계가 아니다.

VIP 제트기 얘기는 처음부터 뭔가가 잘못 됐다. 어떻게, 정말, 절차에도 없는 경고등을 조종사가 "무시"할 수 있을까? 존재하지 않는 절차는 무시할 수도 없다. 조종사가 할 수 있어야 했다고 생각하는 일을 못하게 한 것은 주로 외부 요인이다. 이 비행기에는 문제가 상존하고 있었다. 그것은 경고등을 다룰 절차가 없었다는 것이다.

인적 오류를 무사안일, 태만, 무시 등 뭐라고 부르던, 성과 향상 의욕이 없는 "썩은 사과"가 인적 오류 얘기의 전부라면, 사고 뒤에 감춰진 진실을 놓쳤을 가능성이 있으며 적어도 사고의 많은 부분은 감춰진 진실 인에 있을 것이다.

1.4.1 국부적 합리화

일반적으로 절대적 안전이 요구되는 직업에 종사하는 사람들은, 그들의 승객, 환자, 고객의 생명을 유지하기 위해 살아남고자 하는 동기를 가진다. 그들은 약물을 과다 투여하거나, 산악을 향해 또는 바람에 수직으로 비행하거나, 의도하지 않은 다른 쪽 수족을 절단하거나, 죄없는 사람에게 유죄를 선고하기 위해, 정상적인 경로에서 벗어나지 않는다. 결과적으로, 그들이 한 일은 그 시점에서 보면 그들에게 의미 있는 것이다. 이를, 인적요인 분야에서, 국부적 합리화 원칙이라고 부른다. 종사자는 그들에게 주어진 입장에서 주의력을 집중하여, 상황에 맞는 지식을 이용하여, 자신의 목표와 그들이 일하는 거대한 조직의 목표에 부합하도록 합리적으로 일을 처리한다. 종사자는 정말로 신경을 곤두세워 일을 하려 하기 때문에, 때때로 그들의 삶과 생활이 위태로운 지경에 빠지기도 한다. 하지만 그들에게 있어서 안전만 고려한 적은 없으며 제일의 우선순위도 아니다. 시스템은 안전하기 위해 존재하는 것이 아니라, 돈을 벌기 위해, 서비스를 제공하기 위해, 제품을 공급하기 위해 존재한다. 안전 이외에도 다중의 목표가 있는데, 즉, 제품 생산 압박, 조직에 불필요한 비용 부과 금지, 일정 엄수, 결과물 제시, 고객만족 같은 것이다. 이런 다중의 목표에 대한 감을 잘 잡고, 안전에 대한 요구와 병행하여 이 목표들을 잘 요리하는 것이 그들이 그 일에 선택받은 이유이며 그 일을 유지하도록 허가받은 이유이다.

로스알라모스 원자력연구소에서, 무사안일을 보인 것은 몇 명에 국한된 것이 아니었는데, 그런 행동을 무사안일이라고 한다면 그렇다. 극도로 짜증나게 하는 확인 과정, 이중 확인 과정 그리고 민감한 물질의 등록 같은 일상적인 업무에 대한 중압감 속에서, "무사안일"(아직 그렇게 부를 수 있다면)은 연구소 전체의 특성이 되었다. 과학자들은 주기적으로 비밀자료를 입회자 없이 또는 서명한 기록 없이 옮겼다. 악의를 가지고 그렇게 한 것은 아니다. 그런 관례는 오랜 시간에 걸쳐 조성 됐는데, 연구소가 존재하는 이유인 생산 압력에 굴복한 결과이다.[5)]

인적 오류를 조사할 때, 조사관 여러분은 종사자가 주어진 여건에서 의미 있는 일을 수행한다고 가정해야 한다. 종사자는 그들을 둘러싼 혼란, 딜레마, 절충, 불확실성 속에서 최선을 다하고 있다. 종사자의 실수를 밝혀내고 강조한다고 해서 설명할 수 있는

것은 하나도 없다. 종사자가 하지 않은 것을 얘기한다고 해서 그들이 행한 것에 대한 이유를 밝히지는 못한다. 인적 오류 조사의 요점은 지금 문제가 되는 종사자의 조치나 판단이 그 당시 종사자에게 무슨 의미가 있었는지를 이해하는 것이다. 조사관 여러분이 해야 할 것은 종사자가 저지른 실수가 의미를 가질 때까지 가차없이 몰아가는 것이다. 여러분은 그들이 처했던 상황을 재구성하고 재구축해야 한다. 그 시점에 그들이 관계했던 행위의 흐름 안에서 논란이 됐던 조치나 판단을 재조명해야 한다. 이를 위해, 여러분은 이 실무절차서에서 제공하는 도구와 방법론 모두를 활용할 수 있을 것이다.

각주

1) International Herald Tribune, 13 June 2000.
2) FLIGHT International, 6-12 June 2000.
3) International Herald Tribune, 22 December 2000 (p. 21).
4) International Herald Tribune, 19 June 2000.
5) International Herald Tribune, 20 June 2000.

2. 사고에 대한 반응

조사관 여러분은, "종사자가 어떻게 알아채지 못할 수 있을까? 종사자가 어떻게 모를 수 있을까?" 라는 궁금증에 빠져본 적이 있는가? 그렇다면 여러분은 사고에 대해 반응하는 것이다.

사고를 이해하려면, 먼저 사고에 대한 우리의 반응을 이해해야 한다.

우리 모두는 사고에 대해 반응을 보인다. 실제로, 사고에 대한 우리의 반응이 인적 오류가 재난의 원인이라는 우리의 관념을 구축하며, 이런 반응이 썩은사과 이론을 조장한다. 사고나, 사고를 일으킬 가능성이 있는 종사자들을, 우리는 일상에서 접하기 쉽지 않다. 사고는 우리를 놀라게 하며, 사고로 인해, 우리가 사용하는 또는 우리가 일하는 시스템이 우리가 가정한 것과 부합하지 않게 된다. 사고는 우리의 믿음이나 관점과 대치된다. 결과적으로, 놀람을 축소하려다보니 사고에 대한 우리의 반응이 그렇게 나타난다.

미 해군 잠수함이 하와이 인근에서 일본 어선과 충돌하여 어선을 침몰시켰고 일본인 성인 남자와 소년 포함 아홉 명의 목숨을 앗아갔다. 잠수함 성능을 일반인들에게 시연하는 도중, 잠수함은 "비상 타격"을 시연하기 위해 급속히 부상하였다. 시간이 급박하여 승무원은, 16 명의 방문객들로 북적거리는 조종실에서, 잠망경으로 대충 해수면을 훑어보았다. 필수 장비인 잠수함 탑재 음향탐지기는 그 당시 고장난 상태였다.

잠수함 함장의 상관인 해군 제독 하나가 사고를 접하고 크게 놀랐다. 제독이 이해할 수 없었던 것은, 하와이 근해가 항해에 전혀 어려움이 없는 곳이기 때문이다. 제독이 생각하기에 함장은 시간에 맞추려고 서두를 필요가 전혀 없었다. 사고 발생 후 열렸던 청문회에서, 법정에 있는 함장을 보고 "그곳에 가서 다신 그러지 못하게 한 대 쥐어박고 싶다"고 제독이 말했다. 사고 관련하여 비난을 받은 것은 함장뿐이었고, 탑승했던 일반인, 고장난 음향탐지기는 사고와 관련지어지지 않았다.[1)]

사고에 대한 반응에는, 위 사례에서 보듯이, 다음과 같은 특징이 있다.

· **되짚어보기**
일련의 사건을 되짚어보는 능력 때문에 반응을 하게 되는데, 우리는 결과를 알고 있는 상황이다.

· **가까이보기**
재난이 발생하거나 또는 재난을 막을 수 있는 장소와 시간에 제일 가까이 있던 종사자에게 집중한다.

· **가정하기**
재난 방지를 위해 할 수 있었던 세부적인 일을 늘어놓는다.

· **판정하기**
재난 방지를 위해 무엇을 했어야 했는지, 뭘 못했는지를 토로한다.

사고에 대한 반응은 사고를 이해하는데 방해가 된다. 반응을 많이 하면 할수록, 이해하는 것은 더욱 적어진다. 하지만, 인적 오류에 대한 지적이나 결론을 잘 살펴보면, 흔히 그런 지적이나 결정이 사고에 대한 반응이나 반응을 표현한 글에 의해 좌우된 것을 알 수 있다.

2.1 되짚어보기

결과를 알고 일련의 사고를 되짚어보게 되면

조사는 과거의 어떤 부분에 대한 설명이 목표이지만 **조사가 진행되는 시점이 현재이기 때문에, 현재에 의해 영향을 받을 수밖에 없다.**

조사관으로서, 여러분이 알게 되는 것은 다음과 같은 것이다.

· 여러분이 조사하는 일련의 사건에 의한 결과
- 결과를 놓고 봤을 때, 무엇이 결정적인 신호나 징후인가,
즉, 위험 신호는 무엇이었나?
- 그런 결과를 방지할 수 있었을 판단 및 조치는 무엇인가.

고도로 자동화된 비행기 한 대가 인도 공항의 활주로 못 미친 곳에 위치한 골프장에 추락했다. 공항 진입 마지막 단계에서, 비행 자동화 시스템은 “하강모드 열림” 상태에 있었는데, 이것은 비행기 속도를 엔진 힘이 아니라 비행기 앞부분을 상하로 움직이는 피칭으로 조정하는 것이다. 진입이 너무 낮게 이뤄진 상태에서 승무원들이 제 때 복구하기 어려웠다. 사후확신을 통해, 비행기 제작사가 언급한 바로는 “하강모드 열림 상태라는 것을 승무원이 알고 있어야 했다”는 것이다. 외부 관찰자가 이렇게 중요한 내용을 접하게 되었다면, 도대체 어떻게 해서 이렇게 결정적인 정보를 승무원이 놓치거나 이해하지 못했을까 하는 의문이 들 것이다.

여러분이 조사관이나 외부 관찰자로서 확실하게 우위를 점하는 것은 사건이나 사고에 대해 그것에 관여된 종사자보다 많이 안다는 것인데, 바로 사후확신 때문이다.

· 사후확신은, 사건과 관련 없는 외부로부터, 그리고 알고 있는 결과에 도달한 일련의 사건에 근거하여, 사고를 되짚어볼 수 있다는 것이다.
· 사후확신을 통해 사고 발생 당시에 종사자를 둘러싼 본질적인 상황에 대해 무한정으로 접근이 가능하다(그들이 실제로 처한 상황과 그들이 처한 상황이라고 간주한 상황의 차이, 즉, 시스템이 어떤 상태였는지와 그들이 그럴 거라고 생각했던 상태와의 차이).
· 사후확신을 통해 정확하게 알 수 있는 것은, 누가 잘못 했는지, 누가 잘못하면 안 됐는지, 했어야 했던 것을 안 한게 무엇인지에 대해서다.

사후확신으로 인하여 사고 조사는 지금 중요하다고 알고 있는 항목으로 기운다(예를 들면 “하강모드 열림”과 같이). 결과적으로, 주로 이런 일부 결정적인 자료를 간과했다는 데 치중하여 종사자가 내린 판단 및 조치를 평가하게 된다. 이렇게 되면 증거에 대한 조사 범위가 인위적으로 축소되어 다른 조사나 종사자의 행위에 대한 폭넓은 설명을 배제하게 될 가능성이 있다.

2.1.1 터널 내부 시각

[그림 2.1]을 보자. 그림에서는 일련의 사건을 파헤치고 있다. 터널의 모양은 결과를 향해 구불구불하게 되어 있다. 사고에 이르는 길을 두 가지 다른 시각에서 보여주고 있다.

- **외부에서 사후확신을 가지고 보는 시각(조사관 여러분이 갖는 전형적 시각)**
  이런 시각으로 여러분은 일련의 사건을 조감할 수 있는데, 예를 들면, 사고를 촉발시킨 상황, 우여곡절, 결과, 악화일로로 치닫는 경로 주변 환경의 실체에 대한 것이다.
- **터널 내부 시각**
  상황이 전개되면서 종사자가 갖는 시각은 이런 것이다. 터널 내부 종사자에게 결과는 알 수 없는 것이다(혹은 다른 결과로 알고 있을 수도 있다). 이런 시각에 의해 일련의 사건이 진행되는데, 이런 시각은 전개되는 상황 내부에서 그들이 본 것에 의거할 수밖에 없기 때문이다. 인적 오류를 이해하기 위해, 조사관 여러분에게 필요한 것은 이런 시각을 갖추는 것이다.

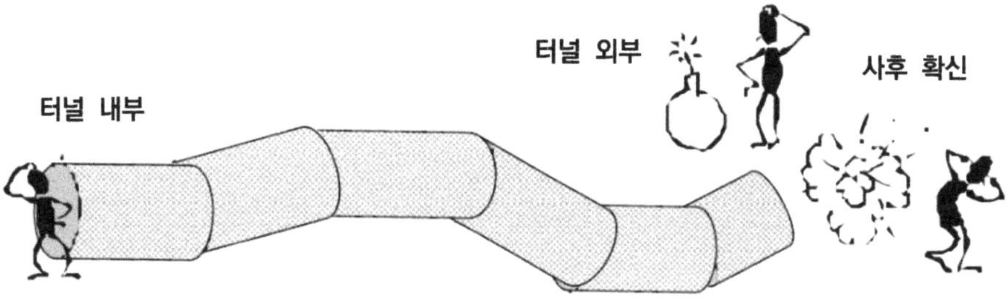

[그림 2.1] 일련의 사건에 대한 다른 시각: 외부에서 사후확신을 갖고 보면 사건 결과와 내포된 위험을 안다. 내부 시각으로는 둘 다 알지 못한다.

이 실무지침서는 조사관 여러분을 [그림 2.1]의 터널 내부로 초대한다. 실무지침서를 통해 여러분은 터널 내부 시각으로 전개되는 상황을 파악할 수 있으며, 그 당시 터널 내부 종사자의 판단 및 조치에 의미가 있었던 이유를 알게 될 것이다.

2.1.2 사후확신은 만연해 있다

사고에 관해 우리가 서로 확신하는 말 속에는 사후확신이 깊이 스며들어 있다. 일례로, 종사자는 그가 포함되어 있는 자동화 시스템이 어떤 모드에 있는지를 추적할 수 없는데, 오늘날 이런 일은 여러 산업에 공통적인 문제로, 항공기 조종석, 원자력발전소 조종실, 공정 제어 공장 그리고 다양한 곳에서 나타난다. 하지만, 사후확신을 통해 보면, 일이 어떻게 전개되고 마무리되었는지 알기 때문에, 이 문제를 종종 "모드 인식 결여"라고 부른다. 혹은, 좀 더 광범위하게, "상황 인식 결여"라고 부른다. 진실은 무엇일까? [그림 2.2]를 보자. 상황 인식 결여는 다음 둘 사이의 차이인데

· 지금 여러분이 어떠했다고 알고 있는 진짜 상황과
· 그 당시 종사자가 어떨 것이라고 이해했던 상황.

지금 조사관 여러분이 알고 있는 것을 다른 시간과 장소에 있던 종사자가 알지 못했다는 것을 밝히기는 어렵지 않다("하강 모드 열림 모드에 있다는 것을 알았어야 했다"라는 것과 같이). 하지만 이것으로 그들의 행위를 설명하지는 못한다.

여러분은 여러분이 믿는 진실과 조사 대상인 종사자가 믿는 진실을 혼동하지 않도록 해야 한다. 여러분이 조사하는 종사자는 결과가 좋지 않다는 것을 몰랐는데, 알았다면 무언가 다른 것을 했을 것이다. 그들이 알지 못했던 결과에 비추어서 그들의 결정이나 입수 정보를 평가하기란 불가능하다.

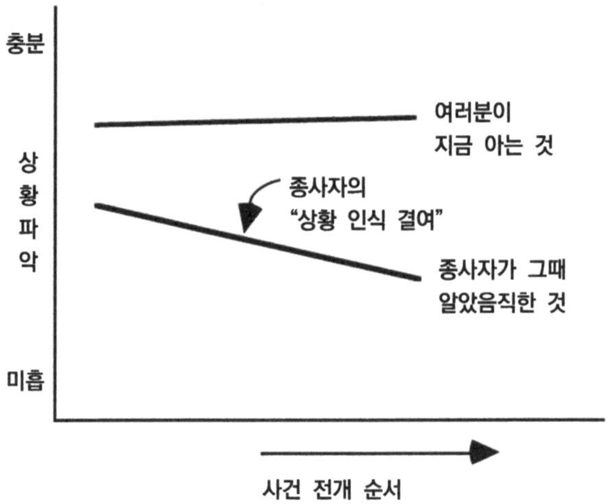

[그림 2.2] 사후확신은 만연해 있다. 이 그림에서 말하는 "상황 인식 결여"는 지금 여러분이 결정적 상황 측면에 대해 아는 것과 그 당시 종사자가 안다고 한 것과의 차이이다.

2.2 가까이 보기

2.2.1 사고 발생 근접 종사자에 집중하기

사고에 대한 반응은 무엇보다도 주로 재난 발생이나 사고 방지 가능성에 제일 가까이 있던 종사자에게 집중된다. 이들이 사고를 유발했다고 보기 쉽다. 만약 그들이 아니었다면, 문제가 발생하지 않았을 것이기 때문이다.

어떤 사람이 내게 전화를 걸어, 도대체 열차 기관사가 어떻게 정지신호를 무시하고 달릴 수 있는지를 물었다. 영국에서 사상 최악의 철도 사고가 있었는데, 런던 패딩턴역 근처 래드브록 그로브에서 발생했다. 통근 열차가 다른 방향에서 오던 도시 간 고속 철도를 향해 정면으로 돌진했다. 충돌과 연이은 화재로 많은 사람이 목숨을 잃었다. 조사 결과 "인적 오류"라는 판정이 나왔다. 통근 열차 기관사가 역 외곽에 있는 109번 신호 바로 아래를 통과했는데, 109번 신호는 붉은색으로, "안전하지 않음"이었다. 어떻게 기관사가 그걸 지나칠 수 있을까? 그맘때 쯤에 발표된 사진 하나에는 놀랍게도 동료 기관사가 열차 운전 중 신문을 읽고 있는 모습을 보여주고 있었다.

2.2.2 오류 발생 전방과 후방

오류를 이해하려면, 종사자가 일했던 광범위한 시스템을 살펴보아야 한다. 유영 시스템은 오류 발생 전방과 후방으로 나눌 수 있다.

- 전방 업무(예를 들면, 택시 운전자, 항공기 조종사, 외과 수술대)는, 안전에 절대적인 공정과 종사자가 직접 맞닿아 있다.
- 조직에서 혹은 한 무리의 조직에서 후방 업무는 전방 업무를 지원하고, 이끌고, 구축한다(예를 들면, 항공사나 병원 또는 기기공급자나 규제기관).

후방 부서는 그 부서가 원하는 바를 이루기 위해 전방 부서에 자원(예를 들면, 장비, 훈련, 부서원)을 제공한다. 하지만, 동시에 구속과 압력을 행사한다("지각 금지, 불필요한 비용 지출 금지, 고객 만족" 등). 이런 이유로 후방 부서가 전방 부서에서 벌

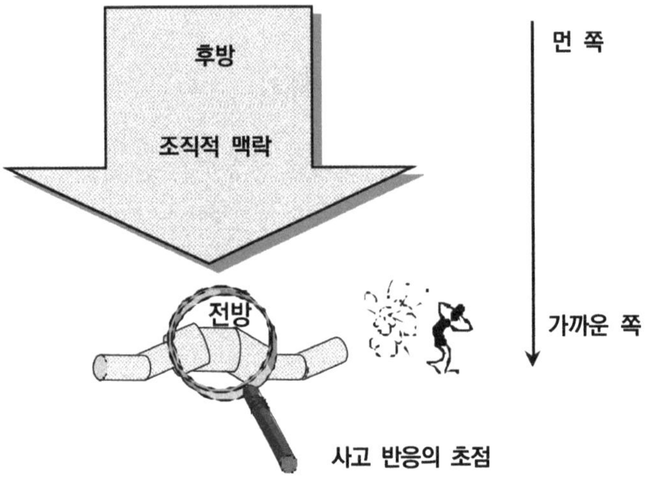

[그림 2.3] 사고를 이해하려면 사고가 발생한 시스템 전체를 살펴봐야 한다. 그러나 사고에 대한 우리의 반응은, 때때로 오류 발생 전방에 집중하는데, 그곳은 사고를 일으켰거나 방지할 수 있었던 종사자가 가장 가까웠던 곳이다.

하는 오류를 조성하거나, 발생시키거나, 조장하기까지 하게 된다. [그림 2.3]은 오류의 원인이 어떻게 시스템을 관통하여 흐르는지를 보여준다. 후방에서 시작하여 전방으로, 상위 흐름에서 하위 흐름으로, 먼 곳에서 가까운 곳으로 흐른다. 그림에서 보여주는 것은 사고에 대한 우리의 반응이 어디로 집중되고 있느냐 인데, 바로 가까운 곳에 집중되어 있다.

나는 항공관제에서 발생한 문제를 조사하는 회의에 참석한 적이 있는데, 두 대의 항공기 사이의 이격거리 이탈(비행 중 너무 가깝게 접근)을 조사하는 회의였다. 회의에서 "가능한 원인"을 찾을 때, 일부 관제사는 "두 대 중 하나의 비행기에 대해 비행 고도 200 진입을 허가한 것"을 원인으로 제기했으며, 결론적으로, 그것이 이격거리 이탈을 "초래한" 치명적 실수였다는 것이다. 다른 말로 하면, 관제사들이 집중한 것은, 사건 마지막에 가깝게 수행됐던 조치로, 사건 발생을 피할 수 있어야 했던 것인데, 그렇게 조치하지 않았으므로, 그것에다가 "원인"이라는 꼬리표를 달게 된다.

가까운 데 집착하는 것은 어리석은 일일 뿐이다. 왜냐하면, 비행고도 200 진입 허가와 같은 특정 허가의 이전이나 이후에도 여러 가지 일이 있었으며, 허가 그 자체는 전반전인 판단 및 조치의 흐름 중 하나에 지나지 않는 것이기 때문이다. 그런데 드러난 결과로 보니 곤란하고 통상적 상황이 아니었다는 것이다. 진입 허가가 사건을 피할 수 있던 최후의 조치라고 도대체 누가 얘기할 수 있을까? 만약 두 비행기가 가시거리 이내에 있었는데, 보지 못했다면 어떻게 됐을까? 그럴 경우 가까운 곳에서 다른 원인을 찾았을 것이고, 예를 들면, 서로를 육안으로 확인하지 못한 것이 원인이라고 할 수도 있다. 한 관제사는, "만약 이 사건의 원인이 비행고도 200으로 비행기 진입을 허가한 것이라면, 앞으로 모든 비행기는 비행고도 200으로의 진입을 허가하지 않는 것이 해답이다."라고 말했다.

2.2.3 왜 사람들은 가까운 데 집착할까?

오류 발생 전방에서 멀리 떨어져 사고 원인을 찾는 것은 직관에 반하는 것이다. 게다가 그렇게 하는 것이 어렵기도 하다. 만약 사고의 원인이 정말로 후방에 있는 것으로 밝혀진다면, 시스템 전체의 안전에 대한 믿음을 의심해야 할지도 모른다. 이렇게 되면 가까운 데 집착하는 시각을 벗어나게 된다. 어쩌면 종사자가 기대한 만큼 일이 잘 조직되고 잘 설계되지 않았을지 모른다. 그리고 이런 일이 항상 가능했을지 모른다. 안타까운 것은, 이런 일이 다시 발생할 수도 있다는 것이다.

"기관사 오류"라고 판정했던 래드브록 그로브 열차 사건의 결론은 109번 신호가 열차 기관사들 사이에서는 아주 논란이 많았다는 것이 밝혀지자마자 믿을 수 없게 되었다. 109번 신호가 달려 있던 허접한 신호걸이대 전체는 여러 다른 신호와 더불어, 악명이 높았다. 이전에도 수년 간 다수의 기관사가 안전하지 않은 109번 신호를 그냥 지나쳤으며 기관사 조합에서는 신호가 잘 보이지 않는다고 불만을 토로해왔다.

래드브록 그로브에서 충돌했던 열차에는 자동 제동장치가 장착되지 않았는데 비용이 너무 많이 들기 때문이었다. 기관사들은 마지못해 "완벽하지 않은" 유형의 자동 제어장치를 장착하는데 합의했지만, 정지 신호가 그랬던 것처럼 이것도 기관사가 얼마나 조심해서 잘 다루느냐에 달려있었다.

2.2.4 사고를 국지적 악당 탓으로 돌려 놀람 줄이기

일부 사람들과 조직에서는 놀람을 배움의 기회로 생각한다. 사고로 창이 열리고 그 곳을 통해 사건이나 사고를 발생시킨 시스템 내부의 진정한 활동 상황을 볼 수 있기 때문이다. 이런 사람들과 조직은 기꺼이 그들의 관점을 바꾸려 하며, 시스템이 방금 겪었던 것을 토대로 그들 시스템의 안전성이나 견실성에 대한 믿음을 조절하게 된다. 이것이야 말로 사고를 통해 이뤄지는 진정한 학습으로, 오랫동안 지속될 올바른 방향으로의 변화를 창출하는 것이다. 하지만 이런 학습이 쉽게 이뤄지지 않는다. 그리고 기회가 자주 오지도 않는다. 지금 갖고 있는 관점에 도전하는 것이 편하진 않다. 사실, 대다수의 사람들과 조직에서, 그들이 믿던 것과 그들이 방금 경험한 것이 부합하지 않는 것을 직접 마주하는 것은 쉬운 일이 아니다. 이 경우에 사람들이나 조직은 놀람의 본질을 줄이기 위해 뭔가를 하게 된다.

일부 전투기 조종사들은 사고로 사망한 동료에게 항상 경의를 표하지는 않는다. 사회학자가 관찰한 바로는, 동료 조종사들이 술집에 가서 사망한 동료의 불행에 또는 실수에 술잔을 기울이고는, 술값을 사망한 동료의 외상장부에 달아 놓는다. 이러한 관례는 사망의 이유가 뭐가 됐든지 그가 훌륭한 조종사가 아닌 이유에 대하여 표시를 하거나 증거를 조성하려는 데 목적이 있다. 사망한 동료를 "그들 중 하나"로부터 "나쁜 조종사"로 변환시킴으로써, 동일한 업무에 종사하는 사람들을 사고 취약성으로부터 벗어나게 하려는 심리적 방어막을 형성하려는 것이다.

사람이나 조직은 종종 오류가 발생하면 놀라긴 하지만 그로 인해 그들의 시각이나 믿음이 흔들리지 않길 원한다. 이렇게 하기 위한 가장 쉬운 방법은 오류를 지엽적인 무엇으로 보는 것인데, 무엇인가 하면 바로 사람답지 못하고, 변덕스럽고, 비전형적인(사실, 지엽적으로 "놀라운") 방식으로 행동하는 일부 개인의 문제로 국한시키는 것이다.

오스카 노벰버의 경우 오류를 개인 탓으로 돌림으로써 시스템 취약성이 드러날 수 있는 가능성이 줄어들었다.[2] 오스카 노벰버는 그 항공사의 오래된 보잉 747 "점보 제트기" 중 하나였다. 그 비행기는 이전에도 자동항법 장치로 골치를 썩인 적이 있었으며, 게다가 그날 아침에는 모든 일이 조종사에게 안 좋게 돌아갔다. 앞바람이 예보

보다 더 심했고, 도착지 날씨는 매우 불순했으며, 부조종사가 요청한 착륙은 기각됐다가 유예를 받았는데, 사실 그 와중에 부조종사와 항공기관사는 위장 장애로 고생하고 있었다. 관제탑으로부터 최종 착륙을 허가받은 곳은 이 거대한 비행기로 조치하기에는 촉박한 곳이었으며, 낡은 자동항법장치를 가지고 정확하게 조치하기에는 시간이 충분치 않았다. 비행기는 아슬아슬하게 공항 근처 건물을 피했는데, 그 건물은 짙은 안개에 둘러싸여 있었다. 재차 시도한 착륙에 문제는 없었다.

오스카 노벰버 기장은 "승객을 위험에 빠트린"(조종사들이 비행 시 항상 하는 일이라고, 조종사 하나는 빈정거렸다) 범죄 혐의로 법정에 세워졌다. 혐의 중 중점적으로 문제 삼은 것은 승무원의 "잘못된" 결정이었다. 왜 연료 소모를 더 많이 할 수 있도록 항로 변경을 하지 않았나? 왜 먼저 번 착륙을 거절하지 않았나? 왜 다른 공항으로 가지 않았나? 이런 질문으로 인해, 조직 또는 운영의 딜레마는 하찮게 되고 묻혀버리게 된다. 그러나 승무원들을 끊임없이 짓누르는 난제로 다음과 같은 것이 있다. 고객 서비스와 이미지 관리에 집중하기, 착륙 허가 유예, 자격 있는 승무원에게 가중된 업무, 도착지 공항의 혼잡과 이로 인한 촉박한 항로 변경, 다른 나라로 항로를 변경하는 것과 착륙하기에 꼭 맞는 양의 연료만으로 착륙을 강행하는 것 중 어떤 것이 좋을지 따져보기, 같은 것이다. 이 외에도 여러 가지가 있다.

비난을 받은 기장은 부기장으로 강등됐고 벌금 지불을 명령받았다. 그 직후 기장은 스스로 목숨을 끊었다. 항공사는, 그렇지만, 대중에 대한 이미지를 지켰는데, 법정에서의 판결 결과로 보여준 바와 같이 어떤 개인 하나의 잘못 되고 믿을 수 없는 행동에 치중해서 얻은 결과이다.

시스템 전체에 파괴력을 가진 교훈을 얻을 가능성이, 시스템과는 아무 연관성이 없는 일부 제멋대로이고 옳지 않은 행동을 보인 개인이 저지른 발작으로 전환된다.

이런 전환을 통해 거대한 조직은, 관점이나 믿음 또는 이에 수반되는 정책이나 비용 지출 관례를 바꿀 필요가 없게 된다. 시스템은 항상 안전한데, 단지 일부 미덥지 못한 인간만 없으면 그렇다는 것이다.

> **고약하며 놀라운 사건을 접하게 되면,**
> **사건이나 그에 관여한 사람을 바꾸는데**
>
> **그 사건이 일어나게 만든**
> **시스템에 대한 근본적인 믿음은 바꾸지 않는다.**

사건으로 드러난 우리의 시각을 바꾸지 않고, 우리는 시스템에 대해 갖고 있던 전형적이고 위협적이 아닌 관점에 부합할 때까지 사건을 재구성하고, 재론하고, 다시 기록한다. 조직학습 관점에서 본다면, 사고는 마치 발생하지 않은 것과 같다. 오류에 대한 우리의 반응이 가까운 데로 쏠리므로 조직에 대한 값진 교훈은 전혀 기대할 수 없다.

1994년 스코틀랜드 산악에 추락한 대형 군용 헬리콥터 조종사들은 총체적으로 태만했다는 혐의를 받았다. 조종사를 포함하여 총 29명이 사망했기 때문에 그들에게 무슨 일이 있었는지는 모른다. 공식 조사 결과가, 동료 조종사가 언급하듯이, "두 명의 훌륭한 조종사의 권위를 추락시키는 것"으로 되는데 아무 문제가 없었다. 사실, 다수의 여타 조종사들은 그런 결론을 불쾌하게 받아드렸는데, 잠재적이고 근본적인 취약점(1994년 한 해만 해도 전산화한 헬리콥터에서 발생한 160건에 달하는 비정상 비행 제어 동작)에 대한 조사가 철저하게 이뤄지지 않았기 때문이다.[3)]

2.3 가정하여 보기

2.3.1 재해를 막을 수 있었을지 모른다는 지적

일련의 사건에서의 결과가 조사관 여러분이 업무를 시작하는 시발점이다. 그렇지 않다면, 사실 여러분은 거기 있지도 않을 것이다. 이것은 여러분이 피조사인의 시각을 이해하는 데 아주 불리하게 작용한다. 결과로부터 되짚어 가다보면, 종사자가 "저쪽" 대신에 "이쪽"을 택할 기회가 있었던 갈림길을 만나게 되는데, 저쪽으로 갔으면 오류를 피할 수 있도록 사건이 진행됐을 것이다. 조사관으로서 일련의 사건을 따라 다른 목적지에 도달해서 이해가 되지 않는 것은, 어떻게 사람들이 그 좋은 기회를 버리고 오류를 범하는 쪽으로 방향을 틀었느냐 하는 것이다.

사고 보고서는 통상적으로 피조사인이 취하지 않았던 경로나 선택에 대해 아주 자세하게 기술한, '가정하여 보기'로 가득 찬다. 예를 들면 다음과 같다. "그 비행기는 마주친 돌풍을 피할 수 있었을 텐데, 만약 비행기 앞부분을 15도 위로 든 피치 상태로 유지하고, 추력을 1.93 EPR(엔진 압력률)로 설정하고, 착륙기어를 제 때 복귀시켰다면."[4)]

가정하여 보기가 입증해보여주는 것은, 상당히 세밀하고 가끔은 이상적인 상황을 가정한다면 일어날 수도 있었던 것이다. 가정하여 보기는 미래에 발생할 오류에 대한 대비책으로 추천하는 데는 어느 정도 효과가 있을지도 모른다.

그러나 왜 그런 행위를 했는지를 설명하는 데 가정하여 보기는 무용지물이다. 이뤄지지 않은 일을 강조하는 것은(그렇게 했으면 사고는 일어나지 않았을 텐데 하고) 실제로 일어난 일 그리고 왜 그랬는지에 대해 설명을 해줄 수 없다. 가정하여 보기는 여러분이 조사하는 종사자가 놓쳐버린 기회가 아니다. 가정하여 보기는 사후확신으로부터 얻은 것이다. 사후확신으로 여러분은 불확실하고 복잡한 일련의 사건을 단순하고, 선형으로 연결되는 명확하게 선택할 수 있는 것으로 변환시킨다. 가정하여 보기를 언급함으로써, 여러분은 어쩌면 그 당시 종사자가 직면했던 결정하기 어려웠던 문제를 너무 단순화시킬지 모른다.

환하게 뚫린 길에 서있는 사람은 뒤돌아 봐도 선명하게 보인다. 그렇지만, 터널 안에서는, 전방을 직시하고 전개되는 사건들에 의하여 앞으로 내몰리고 있으며, 주어진 가능한 선택과 요구 조건이 여럿으로, 불확실하고 복잡한 상황 하에 있으며, 시간 제약과 여타의 압박에 둘러싸여 있다.

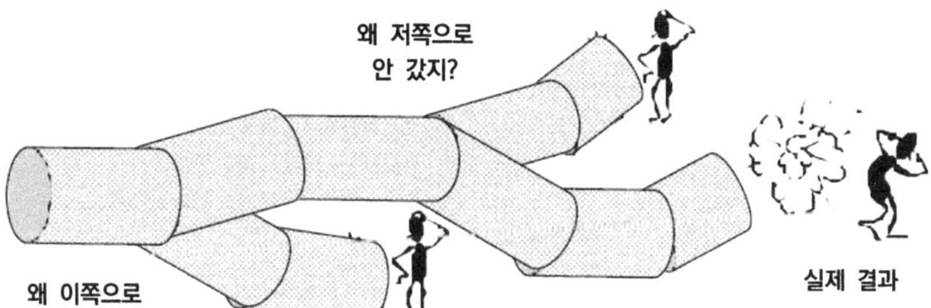

[그림 2.4] 가정하여 보기: 사건의 순서를 거슬러 가다보면, 여러분은 왜 종사자가 궁극적으로 도달한 결론을 피할 수 있도록 사건의 방향을 전환시킬 수 있는 기회를 놓쳤는지 의아해 할 것이다. 하지만, 이래서는 사고를 설명할 수 없다.

2.4 단정하여 보기

2.4.1 했어야 했는데 하지 못한 것 언급하기

사고를 설명하려면, 실수를 찾아야 한다. 사고 발생 이유를 설명하기 위해서는, 오류, 잘못된 조치, 분석 오류, 부정확한 인식을 찾는다. 조사관 여러분이 실수를 설명해야 하는 경우라면, 잘못된 판정, 부정확한 인식 그리고 기회상실이 출발점으로 시작하기 좋을 것처럼 보인다.

그렇지만, 이러한 결정, 판정, 인식이 나쁘거나 틀렸거나 부정확하다는 것은 단지 사후확신에 의한 것이며 외부인의 관점으로 되짚어보기에 의한 것이다. 내부자 관점의 결정, 판정, 인식은 바로 종사자가 그 상황에서 수행한 결정이고, 판정이며, 인식이다. [그림 2.5]에서 보듯이, 조사 결론에서 "오류"가 뜻하는 바는(예를 들어, "승무원이 모드 변환 인식에 대한 오류를 범했다") 그림의 위에 있는 선에서 아래를 내려다본다는 것이다. 그것은 상황 외부에서의 판정을 나타낸 것이지, 내부자의 관점으로 설명한 것이 아니다.

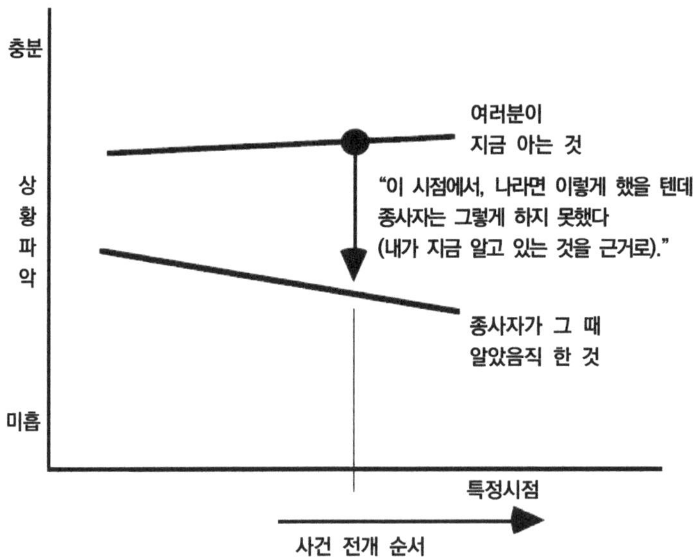

[그림 2.5] **단정하여 보기:** 다른 사람들이 했어야 한 일을 하지 못했다고 말하는 것은(지금 알고 있는 것을 근거로) 그들의 행동을 설명하지 못한다.

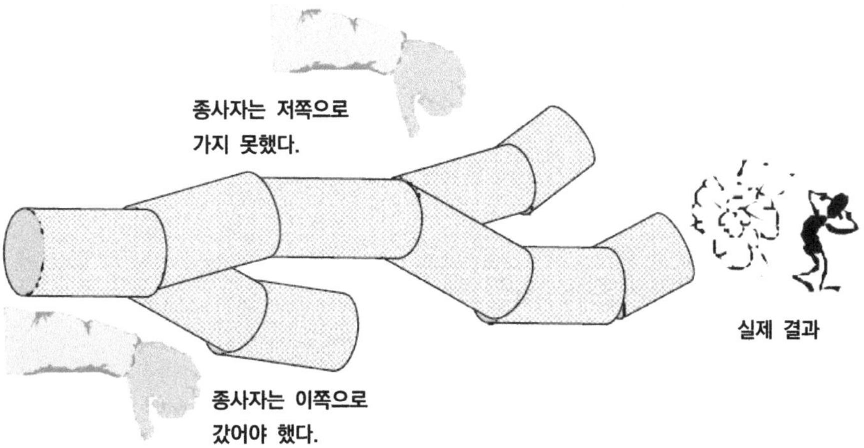

[그림 2.6] 단정하여 보기: 종사자가 하지 않은, 또는 했어야 하는데 실수를 범한 것에 대해 비난한다고, 그들이 실제로 이행한 것을 설명할 수는 없다.

오류라는 말은 별도의 경로로서, 조사 대상인 종사자가 택하지 않은 길이다(예를 들면, 모드 변화 인식). 이런 경로를 거론하는 것은 가정하여 보기에 의한 것으로, 위에서 설명한 것이다.

하지만, 종사자가 이 경로를 택해서 "실수를 범했다"라고 말하는 것은, 사후확신에서 옳다고 본 경로로서, 단지, 사고, 사고결과, 사고를 둘러싼 상황에 대한 광범위한 지식을 가지고 조사관 여러분이 확보한 기준에 의해 그들의 행위를 판단한 것이다. 아직 여러분이 설명하지 못하는 것이 하나 있다. 여러분이 밝히지 못한 것은 상황에 갇혀 있는 종사자에게 모든 일이 어떻게 비춰질까 하는 것으로, 그들이 처한 환경에서 그들이 한 일을 왜 그렇게 했는지에 대한 것이다.

의료 사고 관련 문헌을 보면, 무관심으로 인한 사망 사고의 경우, 진단이나 처방 상의 판정 오류 결과로 볼 수 있는 것들이 있다. 예로서는, 자료가 충분했는데 범한 진단 오류, 적절한 진단시험이나 치료절차 선택에서의 오류, 그리고 진단이나 처방 지연을 들 수 있다.[5)]

이런 것들이 의료사고에 대한 설명 같이 보이지만, 사실은 판단으로서 사고에 대해서는 아무 것도 설명하지 못한다. 예를 들어, "자료가 충분했는데 범한 진단 오류"는 한 때(사후확신 이전에) 결정적이거나 적절한 자료를 근거로 한 합리적 진단이었다. 만일 그렇지 않았다면 문제의 의사가 그렇게 진단하지 않았을 것이다. 진단 오류로 치부하는 것은, 실제로 이뤄진 진단에 감춰진 이유를 알아 낼 수 없다는 것으로, 비생산적이고 되짚어보기에 의한 판정일 뿐이다.

2.4.2 원인-결과 평형이론에 대한 환상

사람들이 오류를 설명하기 위해 오류를 찾다보면 설명보다 판정을 하게 되는 이유 중 하나는, "원인-결과 평형이론"이라는 고정관념에 사로잡히기 때문이다.

잘못된 결과 = 잘못된 과정

우리는 아주 잘못된 결과는 아주 잘못된 원인의 결과로서만 가능하다고 생각한다. 참혹한 결과나 그런 가능성을 접하게 되면, 같은 정도로 가공할만한 행동에 이끌려서 그렇게 됐다고 생각한다. 어떤 결과가 잘못된 것을 알게 되면, 더 이상 우리는 그렇게 되도록 진행된 과정을 객관적으로 보지 못한다.

그러나 복잡한 세계에선 이런 자동 반응이 아주 골치 아픈 문제가 된다. 복잡한 세계에서는 잘못된 과정을 통해서 제대로 된 결과를 얻을 수도 있다. 또한 과정이 제대로라도 잘못된 결과를 얻을 수 있다. 되짚어보기 측면에서 "잘못된" 과정은 여러분이 적용되었어야 한다고 지금 알고 있는 경로를 벗어났기 때문일 것이다. 그렇지만 이것이 오류를 유발하는 필요조건은 아니다. 지금 세상은 그 다양성과 복잡성으로 인해 안전한 결과에 도달하기 위한 다양한 선택과 경로로 둘러싸여 있다. 성공으로 가는 길은 하나만이 아니다.

잘못된 과정도 대개는 제대로 된 결과를 얻는다.

제대로 된 과정도 가끔 잘못된 결과를 얻는다.

항공기가 급하게 공항에 진입했지만 제 시간에 맞춰 안정됨으로써 안전하게 착륙한 경우를 생각해보자. 반대의 경우도 있을 수 있다. 과정이 제대로 진행되어(훈련할 때와 다르지 않다는 측면에서), 이중으로 점검하고 절차를 준수해서 통화했을지라도, 참혹한 결과를 얻을 수도 있다.

2.5 정상업무 부산물로서의 오류

수많은 사고에서 발견된 놀라운 점들은, 종사자가 실제 한 일들은 통상적으로 하던 것과 같은 일, 즉, 통상적으로 성공과 안전을 보장하던 것이었다. 종사자는 그 당시 그들에게 실제로 부여된 상황 인식, 운영 부담, 조직의 규범에 합당한 일을 수행한다. 사고에 앞서 기이한 행위가 이뤄지는 경우는 흔치 않다.

조사관 여러분과 여러분의 조직이 사고로부터 매우 심오한 교훈을 얻을 수 있다면, 그 교훈은 매우 놀라운 것이겠지만, 이러한 진실을 수용하기 어려운 이유는 오류에 대한 우리들의 반응에 숨어있다. 오류에 대한 반응을 넘어서는 것은 바로 여러분의 업무와 조직의 본질에 오류가 굳게 자리하고 있다는 것을 인정하는 것이며, 또한 오류가 여러분의 업무를 수행하는 데 있어서 존재하는 시스템 취약성에 대한 심층적 문제나 부산물로 인한 증상이라는 것을 인정하는 것이다. 이것이 뜻하는 바는, 사고란 일상적 의사결정에 대한 그 영향의 결과를 인정하는 것이며, 사고뭉치가 제멋대로 행동해서 초래된 조직과는 별개의 문제가 아니라는 것이다. 오류에 대한 여러분의 반응을 뛰어넘으려면, 과거에 종사자를 둘러싼 조직과 운영이 주어진 조건 하에 그곳에서 그 당시 그들이 수행한 것이 갖는 실질적인 의미를 밝혀내야 한다.

각주

1) International Herald Tribune, March 14 2001.
2) Wilkinson, S. (1994). The Oscar November Incident. Air & Space, February-March.
3) Sunday Times, 25 June 2000.
4) National Transportation Safety Board (1995). Aircraft Accident Report: Flight into terrain during missed approach USAir flight 1016, DC-9-31, N954VJ, Charotte, NC, July 2, 1994. Washington, DC: NTSB, page 119.
5) Bogner, M: S. (Ed.) (1994). Human error in medicine. Hillsdale, N.J: Erlbaum.

3. 무엇이 원인인가?

사고의 원인은 무엇이었나? 사고에 대한 후속조치로 이 질문보다 더 시급한 것은 없을 것이다. 가능한 모든 곳에서 사고의 원인을 찾아내려 혈안이 될 것이다.

· 사람들은 대책 마련에 착수하길 원한다.
· 사람들은 동일한 문제를 피하기 위해 그들의 행동을 어떻게 제어해야 하는지 알길 원한다.
· 사람들은 단순히 응징, 처벌, 정의를 구할지도 모른다.

오류의 원인을 탐색하고자 할 때 끈질기게 따라다니는 신화 두 개가 있다.

· 사고마다 그에 합당하는 그 원인(때때로 그것을 근본원인 또는 주원인이라고 부른다)에 해당하는 뭔가가 있으며, 사고의 잔해를 열심히 뒤지면 그 원인을 찾게 된다고 생각한다. 하지만 진실은, 그 원인 같은 것은 없으며, 당연히 주원인이나 근본원인도 없다는 것이다. 원인은 우리가 구축하는 어떤 것이지, 찾을 수 있는 것이 아니다. 이번 장 앞부분에서는 이에 대한 얘기를 하려 한다.
· 인적 원인과 기계적 원인을 구분할 수 있으며, 사고는 둘 중 하나의 원인에 기인한 것으로 생각한다. 이것은 지나치게 단순화한 것이다. 사고에 이르는 경로가 얼마나 복잡한지를 인정한다면, 조사관 여러분은 기계와 사람의 개입을 무 자르듯이 확실하게 가르는 것이 어렵다는 것을 알게 될 텐데, 그렇게 잘랐다 해도 금방 불분명해질 것이다. 이번 장의 뒷부분에서는 이에 대한 얘기를 할 것이다.

3.1 원인의 구축

동일 사고에 대한 공식적 조사 두 가지를 살펴보자. 하나는 산악지역 어디에 추락한 자사 항공기를 항공사가 조사한 것이고, 다른 하나는 사고 발생 국가의 민간 항공 규제기관에서 사고 발생 운항지역의 항공 관제사를 대동하고 조사한 것이다.

규제기관은 사고 원인으로 관제사가 관련되지 않았다고 했으나, 항공사가 주장하는 바로는 항공 교통 관제 허가가 적용 기준을 따르지 않았으며 관제사의 미흡한 언어 능력과 부주의가 원인이라는 것이다. 규제기관은 조종사가 조종실 자동화 시스템을 제대로 사용하지 못한 것이 진짜 잘못이라고 반박했고, 항공사는 비행기 컴퓨터에 불충분한 항법 자료를 입력하게 한 것이 원인 중 하나라고 했다. 규제기관은 지형 및 항법 지원 장치에 대한 상황 인식 결여로 사고가 발생했다고 설명했으나, 항공사는 레이더 탐지 범위가 충분치 못한 것을 문제 삼았다. 조종실 자동화 시스템이 교란을 일으키고 과중한 부하가 걸려 있을 때 승무원이 기본 항법 장치로 복귀하지 못한 것을 규제기관이 언급했으나, 그 점에 대해서 항공사가 반박한 것은, 조종실 자동화 시스템 공급사와 제작사가 그들의 기술에 대해 충분한 확신을 보였기 때문에 문제가 없다고 판단했다는 것이다. 마지막으로 규제기관은 조종사가 연착을 피하려고 공항 진입을 서둘러서 진행한 것을 문제 삼았으나, 이점에 대해서 항공사가 문제 삼은 것은 관제사로서, 조종사에게 갑자기 감당 못할 정도로 생소한 착륙 경로와 착륙에는 맞지 않는 활주로를 제공했다는 것이었다.[1)]

그렇다면 누가 옳은가? 이 논란 뒤에 감춰진 진실은, 당연하지만, 두 조사 모두 옳다는 것이다. 그들 둘 다가 옳다는 것은 언급된 요소 모두가 어떤 면에서는 원인이며 관련이 있거나 적어도 필수적이라는 것이다. 이 요소들 중 어느 하나를 배제하면 사건의

[표 3.1] 동일 사고 발생 원인에 대한 두 가지 다른 설명

규제기관이 말하는 원인	항공사가 말하는 원인
· 항공 교통 관제사는 관여하지 않음	· 관제사의 비표준 어법, 언어 사용과 주의력 미흡
· 조종사의 자동화 시스템 사용 불찰	· 불충분한 자동화 시스템 데이터베이스
· 조종사의 상황 인식 결여	· 부족한 레이다 탐지 지역
· 기본 항법 장치로의 복귀에 오류	· 공급자 제공 자동화 시스템에 대한 지나친 확신
· 서둘러 착륙하려 함	· 관제사의 급작스런 요구에 의한 업무 부담 증가

순서가 뒤바뀔지도 모른다. 하지만 두 주장 모두 옳지 않다는 것을 뜻하기도 한다. 그들 둘 다가 옳지 않은 이유는 연관이 있는 요소 일부에만 집중하여 원인이 되는 것과 그렇지 않은 것을 취사선택했기 때문이다. 이러한 선택을 하게 되는 이유는 사고의 잔해에서 증거를 찾기보다 사회-정치적이며 조직에서 부여한 압박에 더 크게 작용하기 때문이다. 원인은 조사관 여러분이 발견하는 것이 아니다. 원인은 여러분이 구축하는 것이다. 그것을 무슨 증거를 가지고 어떻게 구축하는가 하는 것은, 여러분이 어느 곳을 보고, 무엇을 탐색하고, 누구와 얘길 나누고, 과거에 어떤 경험을 하고, 그리고, 어쩌면 누구를 위해 일을 하느냐와 관련이 있을 것이다.

3.1.1 "근본" 또는 "주된" 원인은 없다.

하나의 사고로부터 선택할 수 있는 원인이 어쩌면 그렇게도 많을까? 그 이유는, 인적 오류에 취약한 일련의 시스템이, 오히려 인적 오류에 대한 대비가 아주 잘 돼 있다는 사실 때문이다. 수많은 산업체와 시스템이 안고있는 잠재적 위험은 오래 전부터 알려져 왔다. 그래서 산업체와 시스템을 우리가 알거나 생각할 수 있는 사고로부터 보호하기 위해 집중적인 투자가 이뤄져 왔다. 이것은 오류에 대한 "방어수단"으로 불리는 것으로 인적, 공학적, 조직적 요소를 포함한다.

항공기가 일련의 형태 변화(플랫과 슬랫 그리고 돌출하는 바퀴에 의한 변화)를 거치면서 착륙에 적합한 속도로 비행하는 것은 안전에 결정적이다. 따라서 훌륭한 방어 수단이 발전했는데, 승무조원 사이의 이중점검과 교차확인, 속도 수첩, 항공기 무게, 계기 설정, 독촉 및 호출 또 일부 항공기에 설치된 연농장치가 그것이다.

이런 시스템에서 사고가 발생하려면 복합적 요소로 인해 여러 층의 방어수단이 침투되거나 우회되어야 한다. 이런 여러 층의 방어수단 중에서 어느 것 하나라도 침투되는 것을 "원인"이라고 한다. 예를 들어, 승무원이 속도 수첩에서 해당하지 않는 쪽(즉, 해당 항공기 무게가 아닌 쪽)을 펼쳐봤다고 하자. 하지만, 이것이 사고 전체를 설명하진 못하는 것이, 왜냐하면 다른 방어수단도 침투되거나 우회돼야 했기 때문이다. 그런데 궁금한 것은 이것만이 아니다. 왜 승무원은 해당하지 않는 쪽을 펼쳤을까? 비행 중 연료 소모를 감안하여 구한 항공기 무게는 아닐까, 또는 계기를 잘못 봐서? 그리고 원인을 찾았다면, 그 원인의 원인은 무엇일까? 이런 식으로 계속 꼬리를 물게 된다.

여러 층의 방어수단에 투자했기 때문에, 온갖 곳에서 오류의 "원인"을 찾을 수 있어서, 오류가 발생하면 바로 여러 원인들이 등장한다. 원인의 그물은 마치 유리창에 생긴 금처럼 급속하게 증가하고 퍼져나간다. 여러분이 "근본 원인"이라고 부르는 것은 단지 종착역에 머물러 더 이상 탐색을 하지 않는다는 것이다. 원인의 그물에서, 근본이나 주된 원인과 같은 것은 없는데, 왜냐하면 사실 종착역은 어디에도 없기 때문이다. 만약 여러분이 근본이나 주된 원인을 찾았다면, 밀집한 원인 유형 중에서 어떤 것에 그런 꼬리표를 붙여서 분리해냈다는 뜻이다.

3.1.2 단독 원인은 없다.

그렇다면 사고의 원인은 무엇인가? 이런 질문은, 사고가 발생하지 않는 원인이 무엇이냐고 묻는 것과 똑 같이, 별난 질문이다. 사고의 원인이 단독인 경우는 없다. 실패도 그렇고 성공도 그렇다. 방어가 잘 된 시스템을 벼랑끝(기능은 안전하게 하면서)으로 몰고 가기 위해서는, 필요 충분 조건을 만족시키는 수많은 필수 요소가 갖추어져야 한다.

다중의 요인이 각각 필요 충분 조건을 만족해야 하며
복잡한 시스템을 벼랑 끝 너머 파멸로 내모는데 필요하다.

따라서 조사관 여러분이 원인 탐색에 집중하는 경우에, 사고에서 얻은 증거로 무엇을 결정할 필요는 없다. 원인은 여러분이 조사를 어떻게 하느냐에 따라 변화한다.

1989년 캐나다 드라이든에 추락한 에어 온타리오 비행기를 조사한 모샨스키 판사는 개연성 있는 원인을 도출하지 않았다. 이것은, 항공기 추락의 "개연성 있는 원인"을 제시하는 전통, 즉 오류에 이르는 길고 굽은 경로를 지나치게 단순화하는 전통을 탈피한 것이다. 문제의 사고 비행기 조종사가 비행기 날개에 얼음과 눈이 덮인 채 이륙을 결정했지만, 모샨스키 위원회 보고에 의하면, "그런 결정이 독립적으로 행해진 것이 아니라고 했다. 그런 결정은 항공 운송 시스템 전체의 맥락에서 이뤄진 것으로, 만약 시스템이 기능을 제대로 했다면, 그렇게 이륙을 결정한 것을 막을 수 있었는데... 대부분은 기장이 어떻게 할 수 없는 심각한 오류로 인한 운영상 충격으로 드라이든 사건이 발생했으며...규제적, 조직적, 물리적, 승무원 관련 요소들이…."

모샨스키 위원회는 이렇게 복잡한 문제를 몇 가지 개연성 있는 원인으로 몰아가지 않았으며 191 개의 권고 사항을 제시했는데, 대부분이 "원인"이거나 1989년 5월 그날에 발생했던 사고 저변에 깔려 있는 증상으로서, 시스템 오류에 해당하는 것이다. 권고 사항에는, 새로운 형태의 항공기 도입에서부터, 항공사 경영진 교체, 항공 산업의 기업체 인수나 합병까지, 광범위한 내용을 포함했다.[2)]

개연성 있는 원인에 대한 진술에 필연적으로 따르는 것은 다음과 같다.

- **선별성.** "원인적"이라는 꼬리표를 붙일 수 있는 것이 수없이 많기 때문에 "원인적"이라는 말은 의미가 없게 된다.
- **배타성.** 사고의 "원인"으로서 필요 충분 조건을 갖춘 요인을 배제한다.
- **지나친 단순화.** 실제로 오류가 발생한 곳으로부터 위치적으로나 시간적으로 먼 곳에서 시작하여, 길고, 구부러지고, 상호 연결성이 높은, 원인 경로를 따라가다, 몇 개의 핵심만을 강조한다.

만약 규약에 의해 개연성 있는 원인을 필히 밝혀야 한다면, 그것을 처리할 수 있는 최선의 방법은, 사고에 이르는 일련의 사건에 대한 가장 짧을 수 있는 요약을 "개연성 있는 원인"으로, 기술하는 것이다(10장 참고). 이렇게 기술할 때는 가능한 한 제일 상위의 원인 사슬에서 출발하여, 구부러진 경로를 따라 최종 사고에 도달하는 것이다. 비록 이것이 지나친 단순화라 하더라도, 원인 네트워크를 따라 강조할 점을 모두 표시함으로써 선별성과 배타성은 최소화할 수 있다.

3.2 인적 오류일까 시스템 오류일까?

이런 사고가 인적 오류 때문일까, 혹은 시스템 내부에 있는 뭔가가 붕괴된 걸까? 여러분은 이 질문을 지겹게 들었을 텐데 사실 이 질문은 종종 사람들이 최초로 하는 질문이기도 하다. 이 질문은, 그러나, 사고의 원인이 지나치게 단순하다고 믿고 있다는 것을 증명해 보여준다. 게다가 이것은 썩은 사과 이론을 살짝 가린 것에 지나지 않는데, 즉, 근본적으로 시스템은 안전하지만, 믿음직스럽지 못한 부품이 있다는 것이고, 부품은 사람이나 기계로서, 둘 중 하나가 오류를 범하면, 사고가 뒤따른다는 것이다.

조사 초기단계에서 전형적으로 발표되는 것으로, 시스템은, 예를 들어 항공기는, 산악 쪽으로 향해 갈 때 설계한 대로 또는 프로그램한 대로 작동했으며, 그에 따른 기계적 결함은 없다는 것이다. 이렇게 되면 자동적으로 인적 오류에 의해 사고가 발생했다는 증거가 되며, 결국 시스템에는 이상이 없는 것이 된다. 만약 이런 결론에 도달하게 된다면, 인적 오류에 대한 낡은 관점이 우세하게 된다. 인적 오류가 이것이 아니었다면 안전하고 제대로 작동할 시스템에 장애를 발생시켰다는 것이다. 진실은, 그러나, "인적 오류"가 느닷없이 나타나는 것은 아니라는 것이다. 오류는 그를 둘러싼 시스템에 뿌리를 두고 있으며, 즉, 기계적으로, 프로그램에 의해, 서류에 근거해서, 절차에 의해, 조직적, 여타의 측면과 시스템적으로 복잡하게 연결되어 있어서 시스템에 의한 것인지 또는 사람에 의한 것인지 가늠하기가 어렵다.

여객기에서 "스포일러"는 착륙할 때 날개에서 돌출하는 판으로, 착륙 후 활주 할 때 비행기 제동을 도와준다. 스포일러를 나오게 하려면 조종사는 조종실에 있는 레버를 잡아당겨 수동으로 "작동"해야 한다. 그러나 스포일러를 정렬하지 않고 착륙하는 항공기가 여럿 있는데, 이 경우 일부는 활주로를 지나치는 경우가 발생한다. 이런 일은 모두 "인적 오류"에 속하게 되며, 결국 인간인 조종사가 오류를 범하지 않았으면 완벽하게 기능했을 시스템에 속하는 뭔가를 간과했기 때문이라는 것이다.

그런데, 시스템을 좀 더 자세하게 살펴보니 기능이 완벽하지 않았다는 것이 밝혀졌다. 통상적으로 스포일러는 착륙기어가 나와 제자리에 안전하게 고정된 다음에 작동되어야 한다. 이유는 착륙기어에는 압축 스위치가 있어서 항공기가 지면에 닿았는지에 대한 정보를 제공한다. 착륙기어가 압축되면, 항공기가 착륙했다는 것을 말해준다. 그런 후 스포일러가 나온다(만약 정렬이 제대로 됐다면). 그러나 착륙기어의 압축은, 기어가 나오는 도중에도 발생할 수 있는데, 비행하는 항공기 주위 후방류로 인한 공기압 때문으로, 특히 접혀진 착륙기어가 맞바람을 맞아 열릴 때 그렇다. 이런 경우 항공기가 지면에 닿지 않았는데도 닿은 것으로 생각할 수 있다. 이런 상황에 스포일러를 미리 작동하면, 스포일러가 나올 텐데, 공중에 떠있는 상태에서는 바람직하지 않다. 이를 방지하기 위해, 항공기에 비치된 절차서에 의하면 착륙기어가 완전히 펴지고 고정되어야만 스포일러를 작동할 수 있다고 되어 있다. 그렇게 하면 안전한데, 착륙기어가 후방류에 수직이 되어, 후방류로 인한 압축 위험이 사라지기 때문이다.

하지만 항공기가 운항을 오래할수록, 착륙기어가 나와 제자리에 고정되는 시간이 길어진다. 하나의 이유는 유압 시스템 기능이 떨어지는 것이다. 일부 항공기에서는 30초까지도 시간이 걸린다. 그 시간까지, 착륙기어가 펴지는 동안 조종실에서는 필수업무를 수행하기 시작하는데, 예를 들면, 착륙에 필요한 날개 플랩을 선정하고, 활주로 진입을 위해 전자 장치 활강 각도를 설정하고 추적하는 등등이다. 이런 업무는 통상적으로 착륙 전 점검표 상 "스포일러 작동" 이후에 수행하는 것들이다. 만약에 착륙기어가 아직도 펴지는 중이고, 이미 점검표 저 아래까지 진행을 할 수밖에 없는 상황이라면, 스포일러를 작동하지 않는 실수를 범하기 쉽다.

이것이 시스템과 결합하게 된다. 다수의 항공기는, 스포일러 작동을 하지 않았다고 조종사에게 경고하지 않는다. 또한, 일부 조종사는 스포일러 작동 손잡이를 출력 레버와 혼동하였는데, 조종석 중앙 계기판 구석에 있고, 작동 상태와 비작동 상태 구분이 2.5센티미터 정도밖에 떨어지지 않았기 때문이다. 그렇다면 이런 경우, 이것을 기계 고장이라고 해야 하나, 아니면 인적 오류라고 해야 하나?

어떤 조종사에게서 들은 얘기인데, 그는 특정 형태의 항공기에 오랜 경험이 있었으며, "착륙기어 하강"을 선택한 후 4초 만에 스포일러를 안전하게 작동할 수 있다는 것을 알게 됐다. 왜냐하면, 착륙기어 압축에 결정적인 시간이 그 때가 지나면 오지 않기 때문이다. 그는 훈련을 통해 4초 안에 충분히 착륙기어로부터 스포일러 손잡이로 천천히 손을 움직일 수 있도록 하였고, 항상 스포일러 손잡이로 먼저 가도록 했다. 이렇게 함으로써 그는 후속 업무인 착륙 플랩 선정이나 활강 각도를 설정하는데 충분한 시간을 확보했다. 이것이 실무자가 안전을 창출하는 방법으로, 즉, 어떻게 시스템이 붕괴되는지에 대해 충분히 이해한 후에야, 오류를 미연에 방지하는데 도움이 되는 전략을 고안하게 된다.

조사관 여러분이 더 깊게 파고 들어갈수록, 종사자가, 그들의 도구와 직무 그리고 그들을 둘러싼 환경을 기반으로, 왜 그랬는지에 대해 더 잘 이해할 수 있다. 그들이 범한 오류가 발생한 구역으로 더 깊숙이 들어가면 갈수록, 인적 오류와 시스템 오류의 차이를 구분하기가 힘들다는 것을 더 잘 이해할 것이다.

3.2.1 통계와 70% 신화

인적 오류와 시스템 오류 사이에 차이가 있다고 가정하면, 각각에 대해 통계적으로 수치를 산출하여 우리 시스템에서 안전에 제일 문제가 되는 것이 무엇인지 알기 쉬울 것이라고 생각할 수 있다. 놀라지 마시라! 인적 오류가 언제나 우위를 차지한다. 적어도 재난의 70%는 인력오류 때문이라는 주장이 확고하게 산업계 전체에 고루 퍼져있다. 이것은 시스템 안전 측면에서 부정적으로 작용하는데 그 근거나 수치 양쪽 모두가 그렇다. 썩은사과 이론이 마침내 계량화된 것이다.

오류의 계량화는 오래 전에 수행된 작업으로, 인적 성과를 조사하기 위해 철저하게 통제된 실험실에서 연구가 진행되었다. 이런 실험실 연구를 통해, 직무 수행에서 오류를 범할 기회가 최소화한 상태에서, 특정의 측정 가능한 오류를 인적 성과의 기본 단위에 따라 측정하였다. 이런 종류의 실험에서 과학자들은 빈약하지만 그래도 계량화된 결과를 얻었다. 하지만, 복잡한 상황 하의 "살벌한 현장에서" 자연적으로 발생하는 인적 오류와는 거리가 멀기 때문에, 이와 같은 수치나 비율이 수많은 사실을 왜곡하고 오류로부터 얻을 수 있는 교훈을 차단한다.

· 계량화된 비율은 인간과 여타의 다양한 연관 요인 사이에 복잡한 상호작용이 통상적으로 필요하다는 사실을 망각하게 하여 시스템을 파멸로 이끌게 된다. 완벽하게 설계되고 합리적으로 조성된 무중력 상태 속 세계에서 실수로 삐끗하거나 어처구니없는 생각으로 70%의 인적 오류가 발생하는 것이 아니다. 오류에 대한 실제 얘기를 들어보면, "오류"라고 불리는 조치나 판단은 다양한 부류의 여러 문제와 서로 섞여 있으며, 기계적인 것도 있고 조직 때문인 것도 있다. 사고는 70%의 인적 오류 때문이 아니라, 인적 행위와 인간이 경영하는 세상의 특징 및 취약성 사이의 상호작용에 의해 발생한다.
· 계량화된 비율에 의해 살벌한 현장의 광범위한 인적 오류 다양성은 감춰진다. 조직 내부의 심오한 문제가 표출된 증상처럼, 인적 오류의 양상은 맥락에 따라 다르다. 오류의 종류는 대개 오류가 발생하는 상황에 따라 다르다. 취약한 직무와 도구 그리고 작업 환경으로 인해 오류를 발생시킨 상세한 이유와 대부분의 오류가 전방에서 발생하는 이유가, "인적 오류"라는 커다란 꼬리표 뒤로 숨어버리게 된다.

70% 신화에는 문제가 더 있다. 예를 들면, 우리가 “오류”라고 할 때 무엇을 뜻할까? 안전에 관한 논의에서 “오류”라는 꼬리표가 뜻하는 것은 세 가지다.

· 오류가 재난의 **원인**을 뜻하는 겨우. 예를 들면, 이 사건은 인적 오류에 의한 것이다.
· 오류가 **오류 그 자체**를 뜻하는 경우. 예를 들면, 조종사가 그 모드를 선택한 것은 오류이다.
· 오류가 **과정**을 뜻하는 경우, 좀 더 구체적으로, 일종의 표준을 벗어난 것을 뜻하는 경우. 여기서 표준은 운전 절차서나 단순히 모범적 항공인 정신 같은 것이다. 표준을 어떤 것으로 하느냐에 따라, 오류에 대해 판단하는데 다른 결론에 도달할 수 있다.

그렇다면 사람들이 “인적 오류”에 의거하여 재난을 분류한다면 실제로 어떤 정의를 따라야 하나? 인적 오류를 원인으로 정의하는 것은 전적으로 비생산적이다. 70%가 완벽한 안전에 도달하기 위해 극복해야 할 거리를 나타낸다는 것은 신화일 따름이다. 70% 인적 오류가 뜻하는 바는 완벽한 안전이란 저 멀리 지평선 또는 그 너머 어딘가에 있으며 지금 우리가 완벽한 안전까지의 거리를 가늠할 수 있다는 것이다. 안전의 위치를 설정하는 가정은 환상이며, 그것과의 거리를 측정하려는 노력은 신기루까지의 거리를 측정하는 것과 다를 바가 없다.

안전은 바로 여기, 바로 지금, 바로 우리 발밑에 있는 것이지, 저기 70% 떨어진 곳에 있는 것이 아니다. 위에서 얘기한 스포일러의 예를 보자. 복잡한 시스템 안에서 사람이 안전을 창출한다. 오류 유형과 오류에 이르는 경로를 예측하는 것이 그들의 일이다. 그들이 그들 자신과 조직의 탄력성에 의지하고, 완충장치, 절차, 경험, 비법, 이중점검, 기억을 되살리는 것을 지원하는 장치 같은 것을 추가하여 그들의 직무를 적절하게 조정한다. 오류에 관여하는 부분이 70%라는 말은 복잡한 시스템에서 시스템 안전에 인적 관여가 엄청나다는 것이다. 인적 오류는 완벽하지 않고, 안정적이 아니며, 자원이 한정된 세상에서 성공을 추구하다보면 발생할 수밖에 없는 부산물이다. 인적 오류 근절을 시도하는 것은(70%를 낮추거나 줄이려면) 사람의 전문성을 근절하거나 배제하는 것을 뜻하는데, 오히려, 사람이 보유한 전문성이야말로 우리가 항상 기대했던 시스템 안전 및 성공에 대해 가장 심오하고 가장 믿을만한 투자이다. 70% 인적 오류를 이해하기 위해서는, 시스템의 안전과 성공에 사람의 전문성이 기여한 바가 70%(또는 그 이상)이라는 것을 이해할 필요가 있다.

각주

1) 참조: Aeronautica Civil (1996). Aircraft Accident Report: Controlled flight into terrain American Airlines flight 965, Boeing 757-223, N851AA near Cali, Colombia, December 20, 1995. Santafe de Bogota, Colombia: Aeronautica Civil Unidad Administretiva Especial, and American Airlines' (1996) Submission to the Cali Accident Investigation.
2) Moshansky, V. P. (1992). Commission of inquiry into the Air Ontario accident at Dryden, Ontario (Final report, vol. 1-4). Ottawa, ON; Minister of Supply and Services, Canada.

4. 인적 오류의 다양한 표현

"캐네디가의 대변인은, 존 에프 케네디 2세 그리고 그의 부인과 처제가 사망한 항공기 추락사고가 조종사 오류라고 미연방조사국이 결론을 내린 보고서에 대해 언급하는 것을 거절했다. 미국 국가교통안전국은 지난 해 발생한 추락사고에 대한 보고서 작성을 마치고 수주일 안에 제출할 것으로 알려졌다. 그러나 국가교통안전국은 추락사고의 원인으로 '조종사 오류'라는 말 대신에, 케네디 2세가 '공간 지각능력 상실'을 겪었다고 할 텐데, 이것은 조종사가 비행 중 항로를 벗어났을 때 쓰는 말이다.[1])

4.1 불특정 꼬리표

사고 발생 원인을 설명할 때 "인적 오류"라는 말로는 충분하지 않은 경우가 많아졌다. 앞에서 언급한 바와 같이, "오류" 발생 차단을 견고히 하고자 하는 조직 체제가 항상 있게 마련이므로, 그 조직 체제에서 운영 오류가 발생하면 엄청난 문제를 겪게 되기 때문이다.

또한 오류의 이면에는 심리학적인 부분이 존재하여 종사자의 관심, 인식, 의사결정 등에 영향을 준다. 이를 다루기 위해 인적요인에 사용되는 말을 새로 만들거나 혹은 심리학 용어에서 차용한다. "무사안일", "상황인식", "승무원 자원 관리", "정신 모델 공유", "스트레스", "업무 부하", "부적합"과 같이 요사이 통용되는 심리학적 꼬리표에 대해서 실제로 뜻하는 게 뭔지 알려고 하는 사람이 거의 없는 것이 사실이다. 꼬리표가 그 자체로 무엇을 말하는지 안다고 생각하고 본질적으로 의미가 있다고 보아서, 꼬리표를 오류의 원인을 설명할 때 별 생각 없이 사용한다. 예를 들면

- "승무원에게 결여된 것은 상황인식과 효과적 승무원 자원관리였다."(그것이 추락한 이유이다)
- "과중한 업무부하로 인해 스트레스가 심한 상황이 야기됐다."(그것으로 그들이 사건에 휘말리게 됐다)
- "승무원이 상황인식을 유지하기 위해서는 무사안일과 씨름할 수밖에 없다."(그렇지 않으면 정지신호를 지나치기 마련이다)

· "절차 미준수는 인적 오류와 실패를 유발하는 가장 심각한 원인이다"(그래서 규칙을 따르기만 해야 한다).

이렇게 질문을 해보자. 무사안일이나 상황인식 같은 심리학적 꼬리표가 "인적 오류"라는 꼬리표보다 더 좋은가? 그런 측면도 있긴 있다. 뭔가를 명시하고 있는데, 행위 이면에 있는 이유 같은 것을 제시하는 것처럼 보이고, 오류로 드러난 상황과 방식 같은 것을 떠오르게 하기도 한다.

하지만 이런 꼬리표들을 위에서와 같이 인용한다면, 이 꼬리표들로 대치하려 했던 "인적 오류"라는 판정과 다르지 않다. 실상은 이들 꼬리표가, 명칭만 다른, 사고의 원인이라는 것이다.

· **승무원 자원관리 부재**는 인적 오류를 일컫는 명칭 중 하나이다: 승무원들 사이의 공동의 장에 참여하지 않거나 운영 상 중요 자료를 제대로 분배하지 않음
· **상황 인식 결여**도 인적 오류를 일컫는 또 하나의 명칭이다: 일에 주의를 기울이지 못한 것으로 사후확신을 통해 결정적이었다고 밝혀짐
· **무사안일** 또한 인적 오류를 일컫는 명칭이다: 상황의 중요성을 파악하지 못하거나 모범 사례로 이뤄진 절차나 표준을 따르지 못함
· **비준수** 또한 인적 오류를 일컫는 명칭이다: 안전하게 일을 처리할 수 있는 표준 절차만을 따르지 않음.

4.1.1 설명에 대한 환상 다루기

"인적 오류"를 다른 명칭으로 부르면 인적요인은 헤어나기 어려운 덫에 걸리게 된다. 바로 그 "인적 오류"처럼, 앞에서 언급한 것들과 같은 심리학적 꼬리표 때문에 진실이 감춰지고, 그 대신에 이행(규칙 준수, 서로 간의 업무 조정, 신호 주의 등)하지 않은 무엇으로만 종사자를 판단하게 된다. 왜 종사자가 그것을 이행했는지를 설명하기보다, "인적 오류" 같은 꼬리표를 끊임없이 반복 사용한다. 이런 꼬리표로 길을 잃게 된다. 이 책의 2장에서 보았듯이, 종사자의 행동을 판정하기는 쉽지만, 왜 그들의 판단과 조치에 의미가 있는지를 설명하는 것은 어렵다. 이 장에서 논의된 꼬리표들은 사건에 대해 설명이 된다는 환상을 줄지 모르지만, 실제는 진실을 감추는 판정이다. 일례로, 다른 사람이 종사자가 상황인식이 결여됐다고 말하는 것은, 그 사람이 종사자가 처했던 상황에 대해 더 많이 안다는 것이므로, 종사자가 오류를 범했다고 하는 것이다. 하지만, 이건 아무 것도 설명할 수 없다.

다음에 얘기하고자 하는 것은, 인적요인 문제에 대해 심도 있는 통찰을 하려면, 왜 "무사안일"이나 "상황인식 결여" 같은 꼬리표를 붙이는 실수를 하지 말아야 하는지에 대한 것이다. 조사관이 아래 논의 대상 사이에 명백하게 관계를 짓지 못하고, 단순히 꼬리표를 붙이면 위험이 초래되는데

- 꼬리표와 그에 대한 증거. 예를 들면, 일련의 사건을 통해 어떤 상호작용과 조정 잘못으로 효과적 승무원 자원관리가 누락되었는지를 명백하게 보여주어야 한다. 즉 "효과적 승무원 자원관리"에 대한 이용 가능하고 허용된 모델에 기반 해야 한다.
- 꼬리표와 어떻게 그것이 재난을 "야기 시켰는지." 예를 들면, "효과적 승무원 자원관리 누락"을 가능성 있는 원인이나 결론으로 언급할 수 있지만, 그것을 누락함으로써 일련의 사건으로부터의 결과를 초래하게 된 행위가 명백하게 어떤 것인지를 구체적으로 밝혀야 한다.

만약 조사관 여러분이 일련의 사건에서 어떤 종류의 행위로 인해 "효과적 승무원 자원관리 누락"이 발생했는지를 밝힌다면, 이런 행위 그 자체가 결론을 짚어주는 것이므로, 꼬리표를 붙임으로써 관심 대상이나 상호작용 모두를 애매하게 만들지 않아도 된다.

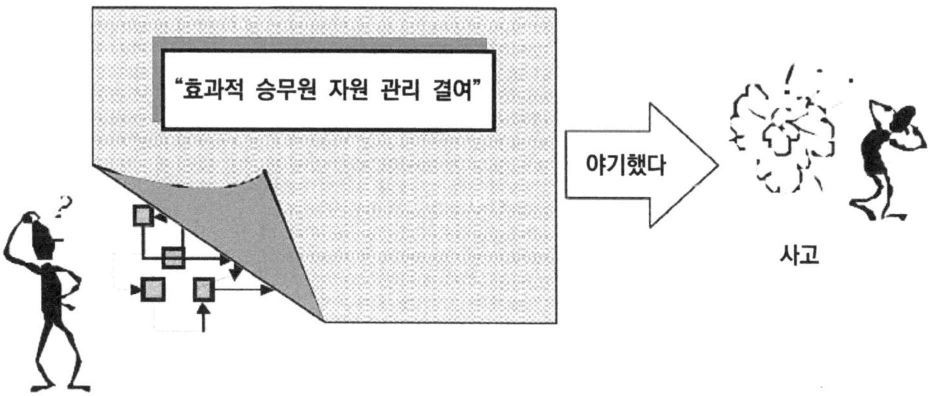

[그림 4.1] 우리에게 관심 있는 정신적 역동성이 진행되는 곳은 방대한 심리학적 꼬리표들로 덮여 있다. 꼬리표 그 자체는 아무 것도 설명하지 못한다.

전개되는 상황에 갇혀 있는 종사자의 정신 상태를 이해하는 것이 그의 행위를 거창한 심리학 용어로 변환하는 일은 아니다. 우리에게 관심 있는 것은 꼬리표 아래 감춰져 있는 정신적 역동성인데, 예를 들면

- 종사자가 관심을 전환하는 방식은 앞선 상황에 대해 판단한 것 혹은 앞으로 기대하는 것에 의지한다.
- 다양한 운영상 또는 조직상 목표 사이에서 상호 절충을 취한다.
- 맥락 안에서 지식을 활성화 시키고 적용하는 방식
- 유사 상황으로부터 얻은 경험에 의거하여 자료의 유형을 파악하는 방식
- 다양한 전문성을 끌어내 상황 안팎을 조화롭게 운용하는 방식
- 종사자를 둘러싼 낯설고 복잡한 기술을 다루는 방식

9장과 10장에서 이러한 문제들에 대한 심도 깊은 통찰을 제시할 것이다. 일련의 사건을 어떤 방향으로 유도하는 것은 이와 같은 정신적이고 대인관계를 고려한 과정인데, 그 과정이 무엇이 됐든지, 일련의 사건으로부터의 결과 확정에 관여했다는 의미로 이러한 과정을 "사고와 인과관계가 있다"고 말할 수 있다.

조사 지적사항이나 설명에 쓰이는 거창한 용어는 심리학적 현상으로의 통과의례로 볼 수 있을 것 같다. 즉, 인적요인 조사가 심각하게 받아들여지려면, 상황인식, 스트레스, 업무부하를 적절히 섞어야 한다. 그런데 고지식한 인적요인 조사관 같이 급하게 서두르다보면, 여러분이 증거에서 명시적으로 확인한 것을 덮어버릴 거창한 심리학적 꼬리표로 비약할 가능성이 있다. 그 사이를 이어줄 뭔가가 필요하며, 흔적을 남길 필요가 있다. 그렇지 않으면 다른 사람들은 전혀 이해가 되지 않아 여러분이 옳은지 그른지 알 수 없을 것이다. 이것을 우리는 "대중 과학", 또는 "대중 심리학"이라 부르는데 인적요인 조사는 대부분이 이렇다. 여기서 이에 대해 조금 살펴보자.

4.2 인적요인에 관한 대중 과학

실제로 어느 정도의 과학적 이점이 있는 인적요인 개념에 반하여, 어떤 것이 대중 모델이라는 것을 파악하는 방법은 무엇일까? 여기 개략적인 지침이 있다.

· **포괄적 용어를 구체적 용어로 세분(과학 용어로 분해, 또는 해체)하는 대신에, 대중 모델은 하나의 포괄적 용어로 다른 것을 대치한다.**
· **대중 모델은 틀린 것을 입증하기 어려운데, 왜냐하면, 대중 모델은 사람들의 실제 행동에서 관찰할 수 있는 세부 사항을 나타내는 용어로 정의되어 있지 않기 때문이다. 대중 모델은 그럴싸하게 보이는데, 이해하기 어려운 현상에 대해 대중적인 이해에 기대기 때문이다.**
· **대중 모델을 통해 일반화가 과도하게 이뤄지기 쉽다. 여러분이 알아채기 전에, 온갖 곳에 "무사안일"과 "상황인식 결여"가 널려 있는 것을 보게 된다. 이것이 가능한 이유는 이런 개념의 정의가 제대로 되어 있지 않기 때문이다. 특정하게 정의된 것이 없기 때문에, 원하는 대로 그 개념을 적용한다.**

1973년에 일어났던 자동화-관련 사고를 하나의 예로 들겠는데, 그 당시에는 상황인식이나 자동화-기인 무사안일이라는 개념이 존재하지도 않았다. 사건은 비행기 하나가 급박하게 기후가 변화는 상황에서 공항에 진입할 때 일어났다. 비행기엔 살짝 맛이 간 "비행 감독 장치"(중앙 계기판에 있는 장치로서 조종사에게 목적지를 알려주는데, 보이지 않는 다양한 계기 입력을 이용한다)가 장착되어 있었지만, 사고기의 기장은 그것을 신뢰하지 않았다. 비행기는 활주로에서 1 km 정도 못 미친 곳으로 활주로 측면 쪽으로 조금 틀어져 있는, 보스턴 로간 공항을 둘러싼 방파제에 추락했는데, 탑승자 89명 모두 사망했다. 이 추락 사고에 대한 교통안전국 설명에 의하면, 그 자체로는 결정적이 아닌 차이들이 누적되어 급격히 악화되었는데, 조종사가 정상으로 되돌리려고 개입하지도 않아, 엄청나게 위험한 상황으로 빠져들었다는 것이다. 동승하고 있던 부기장은, 비행 감독 시스템이 제공하는 정보에 정신이 팔려, 고도, 기수 방향, 항속 제어에 주의를 기울이지 못했다는 것이다.

오늘날에는, 이러한 추락 사고의 원인으로, 부기장에게는 '자동화-기인 무사안일', 그리고 승무원 전체에게는 '상황인식 결여'가 부과 될 것이 가장 유력하다. 실제로, 동일한 현상들을 어느 쪽으로(무사안일 혹은 상황인식 결여로) 분류해도 별 문제가 없는데, 이것이 바로 인적요인 개념의 무차별적이고 불특정한 특성을 보여주는 또 다른 반증이다. 이러한 "설명"(무사안일, 상황인식 결여)이 1973년 당시에는 이 사고를 다루는데 필요하지 않았다는 것은 분명하다. 이런 꼬리표 대신에 1973년 당시 분석 결과는, 더 자세하고, 더 반증 가능할 수 있고, 더 추적이 가능한 주장으로, 상황 특성(예를 들면, 상이점의 축적)을 측정 가능하고 입증 가능한 인적 행적(여타 자료 제공 장치에 비해 비행 감독 장치에 주의력이 분산되는 정도)과 이어주는 것이다. 이러한 추락사고 설명에 대한 유력한 가정으로 무사안일과 상황인식이 대표로 나선다면, 반증 가능성이 줄어들어 과학적 진보에 역행하는 것이다. 새로운 것은 과거보다 더 좋은 것이어야 하는데, 이들 대중 모델의 경우는 그렇지 않다.

10장에서 좀 더 생산적인 면을 다루려 한다. 여러 전형적인 오류 유형을 훑어가면서, 인적 행적을 보다 명료하게 설명해주는 모델에 기반하고 있다는 의미에서 과학적으로 더 많은 이점을 가진 인적요인 개념에 대해 설명하려 한다. 이를 이용하면, 여러분이 조사하는 일련의 사건에 내재된 오류 유형의 일부를 찾아내기 용이하다는 것을 알게 될 것이다. 더 중요한 것은, 다른 사람들이 추종하는 것으로부터 벗어나, 조사관 여러분이 수행한 분석을 보여주어야, 왜 여러분이 그런 결론에 도달했는지를 납득시키기 용이할 것이다.

각주

1. International Herald Tribune, 24-25 June 2000.

5. 인적 오류-사람 탓 또는 세상 탓?

앞 장에서 다룬 인적 오류 조사에 불특정 꼬리표를 붙이는 것의 원인은 다양하다. 거창한 심리학 용어를 사용하는 이유의 하나는 인적 오류의 출처를 다음 중 어디서부터 찾기 시작할지 혼동하기 때문이다.

· 사람의 머리에서(오류를 범한 종사자의)
· 또는 상황 속에서(그 안에서 종사자가 일하는)

첫 번째 선택은 인적 오류 분석 방법에 다양하게 쓰이며, 사고 조사에 가끔 포함되는 것이 사실이다. 예를 들어, 행위를 설명하기 위해 “무사안일”이라는 꼬리표를 여러분이 붙였다면, 실제로 여러분이 기대하는 것은 종사자 개인으로부터 문제가 시작됐다는 것이고, 종사자는 그가 처한 상황의 결정적인 세부사항을 가까이에서 관찰하려는 의욕이 부족한 개인이었다는 뜻이다.

앞선 장에서 언급했듯이, 인적 오류를 “설명”하기 위해 이런 접근을 하는 것은 막다른 길로 들어서는 것이다. 이런 접근으로는 실제로 논란의 소지가 있는 행위를 초래한 운영 환경이 지속적으로 가진 특성을 찾을 수 없다(그래서 그대로 둔다면 끊임없이 그런 행위를 행할 것이다). 그 뿐만 아니다. 오류가 사람 머리에서 시작한다고 가정하면 타인이 조사의 결론을 확인하기 어렵게 되는데, 아래에서 설명하는 바와 같기 때문이다.

다른 선택을 하면, 즉, 오류의 근거를 세상에서 찾으면 좀 더 바람직한 조사를 할 수 있다. 인적 오류는 세상의 여러 특성과 시스템적으로 연결되어 있어서, 종사자가 행하는 직무와 사용하는 도구와 연결되어 있으며, 업무를 수행하는 운영 및 조직 환경과도 연결되어 있다. 여러분이 조사를 할 때 상황에 집중하면, 관찰된 행위에 대한 이유를 확인하고 진단하고 서류화할 수 있으며, 관찰이 불가능한 공정이나 구조 혹은 다른 사람 머리에 붙이는 거창한 꼬리표에 의존하지 않고도 가능하다. 이 실무지침서는 바로 이런 길로 여러분을 인도할 것이다.

5.1 인적 오류-전부 사람 머리에 들어있나?

인적 오류의 "역방향 공학"을 통해, 9장에서 여러분을 도와 종사자의 정신상태가 시간에 따라 어떻게 전개되고 변하는지를 재구축하려 한다. 전개되는 다른 사람의 정신상태를 재구성하려면 조사관 여러분은 정신에서부터 시작해야 한다고 생각할 것이다. 왜냐하면 결국은 정신이 그 안에서 전개되는 정신상태를 알아보기 위한 곳으로는 명백하기 때문이다. 작동 기억 저장고에 무엇인가 저장하는 데 문제가 있었나? 종사자의 지각 저장고에는 무엇이 있었나? 장기 기억 저장고에서 지식 일부를 꺼내는데 문제가 있었나? 이런 종류의 질문들이 실제로 다양한 인적 오류 분석 도구와 사건 보고 시스템에서 다루어지는 것이다.

항공 교통 관제에서의 인적 오류를 분석하기 위한 도구가 개발됐다. 관찰된 오류마다, 인간 정신에 대한 정교한 정보 처리 모델을 기반으로 한 장문의 설문지를 분석가가 채우도록 했다. 설문은 분석가로 하여금 설문을 통해 지각 과정에서 시작하여 가능성 있는 문제점이나 애로사항을 지적하도록 했다. 정해진 경로를 따라가다 문제의 근원을 분석가가 찾길 희망했다. 광범위한 심리학적 과정이나 구조 속에서 찾았으며, 단기 기억, 장기 기억, 의사 결정, 반응 선택, 반응 이행, 관제사 본인에 대한 이미지까지 포함했다. 관찰된 오류 각각에 대해, 설문을 통과하는 여정은 지루하고 힘들어서 종착역(오류의 근원이라고 여기는)에 도착하였는지도 애매하고 증명하기도 어려웠다.

이러한 인적 오류 분석에서 행위의 복잡성을 다루는 방식은 복잡성을 단순화하여 틀에 가둬버리는 것으로, 오류를 단 하나의 심리학적 처리 과정이나 구조로 확정시키는 것이다. 예를 들면, 지각 저장 오류, 작동 기억 오류, 판정이나 의사결정 오류, 또는 반응 선택 오류와 같은 것이다. 이렇게 하는 목적은 오류가 사람의 머리에 있는 심리학적 처리 경로 중 특정 단계에서 시작했다고 결론을 내리려는 것이다. 이러한 접근방법은 기본적으로 오류를 그것이 시작된 정신으로 되돌림으로써 오류를 설명하는 것이다.

이것이 가진 단점으로 인해 인적 오류 조사에 관한 폐해가 심각하다. 이러한 접근방법은 심리학적 꼬리표를 붙여 오류를 "정신" 뒤편에 숨기는 것으로 "인적 오류" 라고 말하는 것보다 더 알 수 있을게 없다. 게다가, 이런 접근법에서 인기 있는 꼬리표들은 (작동 기억 또는 반응 이행 같은) 특정 심리학 모델에서 만들어진 용어이다. 이 모델이 옳지 않을지는 몰라도, 틀리다고 증명하는 것도 어렵다. 단기 기억의 존재를 누가 증명할 수 있을까? 또 그것이 존재하지 않는다고 누가 증명할 수 있을까?

인적 오류에 대한 설명을 내부 정신 구조를 기반으로 하면 조사관 설명의 옳고 그름에 대해 다른 사람들이 판단하기 어렵다. 단기 기억이나 지각 저장고를 실제로 볼 수 있는 사람은 없으며, 조사관이 한 일을 확인하기 위해 사고 당사자의 단기 기억이나 지각 저장고로 되돌아갈 수 있는 사람도 없다. 그저 다른 사람들은 조사관이 심리학적 분류를 올바르게 선택했길 바랄 뿐이다.

단지 좀 더 구체적인 심리학 용어로 인적 오류 꼬리표를 재부착하는 것은, 증명할 수 없는 주장이라도 누구든지 정당화할 수 있을 것 같은 관례의 덫에 조사를 가두는 것이다. 이런 조사는 애매하고 불확실하며 결말이 없어 신뢰하기 어렵게 된다.

5.2 인적 오류-정신 너머의 문제

조사관 여러분이 어떤 상황 전개를 두고 조사를 시작했을 때 모든 것은 그 상황 하에 있던 종사자가 겪은 것과 동일하지 않다. 인적 오류의 속성을 인간 두뇌 내부의 구조에 결부시키려는 방법은, 인적 행위가 일어난 상황을 간과하기 쉽거나, 적어도 그 상황의 중요성을 과소평가하게 된다. 그래서 다음과 같이 상황으로부터 출발하는 것이 이치에 맞는다.

- 과거 상황을 최대한 객관적으로 재구성하고 자세하게 문서화한다.
- 상황과 행위 사이에는 밀접하고 시스템적인 연관 관계가 있으며, 종사자가 행한 것과 그들을 둘러싼 세계에서 일어난 일 사이에도 그런 연관 관계가 있다.

상황과 행위는 다음과 같이 두 가지 방식으로 연결되어 있다.

- 종사자가 업무를 수행함으로써 상황이 변화하며, 업무 처리 과정 관리를 통해서도 상황이 변화한다.
- 그러나 이렇게 변화하는 상황이 또한 종사자의 행위를 변화시킨다. 변화하는 상황으로 증거도 변화하며 새롭게 되고, 종사자의 이해가 갱신되며, 어려움은 가중되고, 되돌아가는 길이 닫히기도 하고 열리기도 한다.

조사관 여러분이 할 수 있는 것은 상황과 행위 사이의 관계를 찾아내거나, 조사하거나, 문서화하거나, 기술하거나, 도표화하는 것이다. 이렇게 하면, 다른 사람들은 재구축된 상황과 그 상황 하에서 이뤄졌던 행위를 여러분이 어떻게 상황과 연결시켰는지 알 수 있다. 실제로 다른 사람들이 여러분의 설명과 결론을 추적할 수 있다. 상황으로부터 시작함으로써 인적 오류 조사를 투명하게 드러낼 수 있다. 인적 오류 조사가 심리학적 구조나 과정 뒤에 숨겨져 있지 않을 뿐만 아니라, 그 분야 전문가들이 확인하고 토론할 수 있도록 한다. 인적 오류 조사를 상황에서 착수해야, 그 조사가 믿을만한 것이 된다.

그렇기 때문에, 대부분의 인적 오류 조사는 오류 뒤에 있는 인간에 대한 것이 결코 아니다. 상상하는 인간 정신 내부 구조에 대한 것이 아니며, 정신적 문제를 일으키는 것으로 추정되는 심리학적 구조에 대한 것이 아니다. 대부분의 인적 오류 조사는 인간이 직무를 수행하는 상황에 대한 것이며, 그가 수행하는 직무에 대한 것이고, 그가 사용하는 도구에 대한 것이다.

> **정신상태의 재구성은 정신에서 시작하지 말아야 한다.**
>
> **정신 그 자체를 발견한 상황에서 시작해야 한다.**

행위가 만들어지고 함께했던 상황을 이해하려면, 상황 내부에서 이뤄진 인간의 판단과 조치를 이해해야 한다. 이런 식으로 했을 때 여러분이 "역방향 공학"을 통해 알게 되는 것은 다음과 같다.

· 시간에 따라 과정과 상황이 어떻게 변화하는지
· 상황 변화에 병행하여 종사자의 판단과 조치가 어떻게 전개되는지
· 그런 상황 하에서 종사자가 사용하는 도구와 직무 그리고 조직 및 운영 환경의 특성이 종사자의 판단과 조치에 어떤 영향을 주는지

이것이 바로 전개되는 정신상태를 재구축하는 것으로, 9장에서 다루고자 하는 내용의 전부이다.

6. 맥락 안에서 자료 분석하기

그것이 만들어지고 함께했던 상황이나 맥락에 행위를 되돌려보는 것은 쉽지 않다. 이런 사실 때문에, 사고 진행 과정의 실제 맥락에서 벗어나 종사자 행위의 의미를 찾아보고 싶은 마음이 들게 마련이다. 맥락에서 벗어나서 종사자 행위를 취해 외부로부터의 의미를 부여하는 것은, 조사에서 흔히 있는 일이다. 이 장에서 살펴볼 것은 맥락에서 벗어나서 종사자 행위에 대한 자료를 취하는 전형적 방법 두 가지에 대한 것이다.

· 조사관 여러분이 지금 진실이라고 알고 있는 세상과 단편적 행위를 일일이 비교하는 방법
· 여러분이 사후확신으로 규정한 하나의 조건에, 선별한 단편적 자료를 함께 뭉뚱그려 넣는 방법("선별법")

6.1 맥락에서 벗어나기 1
: 여러분이 지금 진실이라고 알고 있는 세상에 반하는 단편적 행적을 제시

행위를 평가하는 데 조사관이 가장 애용하는 방법 중 하나는 그들이 **지금** 진실이라고 알고 있는 세상과 비교하는 것이다. 이러한 진실-후-세상이 각광을 받는 방법은 다양하다.

· **절차나 규칙 모음**
당사자의 행위가 표준 운영 절차를 따르지 않았는데, 그것은 사건 발생 후에 밝혀진 것이다.
· **단서 조합**
당사자가 단서 혹은 자료를 지나쳤는데, 그것은 그들이 처한 상황의 실체를 이해하는 데 결정적인 것이었다.
· **모범적 관례의 표준**
특정 산업분야에서 종사자의 행위가 모범적 관례의 표준에 못 미친다.

문제는 진실-후-세상이 조사 대상 행위를 유발하게 한 현실 세계와 동떨어졌다는 것이다. 진실-후-세상에서는 종사자의 행위를 조사관이 파악한 진실과 비교하는데, 그런 진실은 문제의 행위를 둘러싸고 있던 진실이 아니다. 이와 같이, 단편적 행위를 지금 진실이라고 알고 있는 여러 표준과 일일이 대비시켜서는 아무 것도 설명하지 못하며, 단지 판결을 내리는 데 도움을 줄 뿐이다.

6.1.1 절차서

첫 번째로, 단편적 행위 각각을 절차서 또는 규정집과 비교하는 일이 자주 있는데, 이것은 적용했어야 했던 것으로 사후확신을 통해 밝혀진 것이다. 이렇게 문서로 작성된 지침서와 비교를 하면, 절차서나 규정집대로 모든 일이 이뤄지진 않아, 실행 결과가 미흡한 경우가 가끔 있다.

컴퓨터 데이터베이스 이상으로 산악지대로 기수가 틀어지기 시작한 자동화된 항공기의 예를 보자. 결국 항공기는 산악지대에 추락했다. 사고 보고서 내용을 보면 조종사 하나가 컴퓨터에 올바른 선택인지 확인하지 않고 자료를 입력했으며, 우선적으로 해야 할 동료 조종사의 승인도 받지 않았는데, 이것은 항공사 절차서를 위반한 것이다.[1)]

조사관들은 조직의 케케묵은 자료에 시간을 많이 투자하여 규정이나 절차의 틀을 구축하게 되는데, 운전은 그 틀 안에서 이뤄졌거나 이뤄졌어야 했다는 것이다. 실제 행위가 현 절차서나 규정집을 따르지 않은 것은 사후확신을 통해 쉽사리 밝혀진다. 여러분이 단편적 행위 하나만 가지면, 풍부한 시간과 자원을 이용하고 조직의 기록과 규정을 뒤져 그 단편적 행위가 만족하지 못했던 규칙을 찾아낼 수 있다.

하지만 조사관 여러분이 보여준 것이 무엇일까? 여러분은 단지 단편적인 인적 행위 하나가 현 지침서를 만족하지 못했다는 것을 지적하는 것이고, 그 지침서는 진실-후-세상에서 밝혀졌거나 강조하는 것이다. 절차서와 실제 행위가 일치하지 않는다고 해서 문제의 행위가 왜 그랬는지를 설명하지는 못한다. 게다가, 불일치로 인해 왜 이런 특정 사고가 유발됐는지도 설명할 수 없다. 절차서와 실제 행위가 일치하지 않는 것이 사고 진행에 특이한 요소는 아니다. 불일치는 일상생활을 영위하는 데 자주 볼 수 있는 특성이다(이것이 바로 여러분이 조사를 착수할 때 관심을 기울여야 할 점이다).

6.1.2 구할 수 있는 자료

두 번째로, 단편적인 개인 행위를 평가할 세상을 구축하기 위해, 조사관들은 상황 속에서 찾은 자료에 관심을 기울이게 되는데, 그 자료는 종사자가 지나쳤던 것으로, 사후확신을 통해, 결정적이라고 판명이 난 것이다.

위에서 언급한 자동화된 항공기에 대한 얘기를 계속해보자. 기수가 틀어진 것을 알아채기 위해 조종사가 했어야 했던 것은 무엇일까? 항공기 제작사에 의하면, 다양한 지시계가 있다고 했다.

항공기가 좌측으로 방향을 틀은 것을 알려주는 지시계는 다음과 같다. 수평상태 전자지시계의 지도 표시기(선택하면)는 원래 의도했던 비행 방향에서 벗어난 것을 굴곡진 경로로 보여주며, 수평상태 전자 지시계의 고주파 항법장치 표시기는, 우측에 있는 방향 편류 지시계와 함께, 항공기가 직선 방향의 칼리 고주파 항법장치 좌측에 있다는 것을 가리키고, 고도 방향 전자 지시계는 대략 16 경사도를 가리키고, 앞방향 지시계 모두 우측으로 움직인다. 추가적으로 승무원은 자동방향탐지기를 로조(Rozo: 콜롬비아 북부에 있는 도시)에 맞추고 위치 지시 정보를 RMDI의 로조 무지향성 무선표지에서 취득할 수 있었다.[2)]

이것이 대표적인 사고 후 반응으로, 상황의 실체를 밝혀줄 것 같은 자료를 지적하지만 "결정적" 자료는 사후확신이라는 특권을 통해서만 알게 된다. 만약에 이러한 결정적 자료를 실제로 구할 수 있었던 것으로 밝혀지면, 자동적으로 그 상황에서 운전자는 그 자료를 취했어야 한다고 가정한다. 그렇게 했어야 했다고 지적하는 것은, 그러나, 왜 그렇게 하지 못했는지를 설명하지 못하고, 혹은 과거의 그때 왜 다르게 받아들여졌는지를 설명하지 못한다. 이것은 다음과 같은 차이가 있다.

· **자료 취득 가능성**
그 상황에 어딘 가에서 실제로 취득할 수 있을 것으로 밝혀진 자료

· **자료 관찰 가능성**
관찰 가능했을 것으로 본 자료로, 직무, 목표, 관심, 지식 그리고 그 자료를 바라보는 당사자의 문화까지 복잡하게 얽히고 서로의 연계 특성도 감안해야 한다.

조사에 관한 한, 여러분이 사후확신을 통해 결정적이라고 확신한 것을 종사자가 취할 수 없을 정도로 무기력하고 바보 같을 수 있었나 하는 것이 수수께끼가 아니라, 그들에게 중요했던 것이 무엇이며 왜 그랬는지가 바로 수수께끼이다.

6.1.3 여타의 표준

세 번째로, 특히 부분적 행위와 관련한 여타의 표준이 다수 있는데, 행위가 절차서 지침에 잘 부합하지 않거나, 사고 당시에 실제로 있었던 자료와 취했어야 했던 자료를 구분하기 무척 어려울 경우이다. 문제가 있는 행위에 대해, 미리 정해진 명백한 지침이 없어 현장의 상황 판단에 의존할 경우가 가끔 발생한다. 예를 들면, 활주로 변경을 수락하는 결정이나, 혹은 악천후에 비행을 계속해야 하는 경우이다. 이런 경우를 위해 항상 "모범적인 관례의 표준"이 있는데 관습이나 산업계 전반에서 사실상 이행되고 있는 것이다. 항공업계에서 이런 표준을 "모범적인 비행술"이라고 하는데, 대치할 것이 없다면, 딱히 설명하기 어려운 이탈적 행동을 용인해준다.

부주의로 인한 의료사고는, 때때로 실제 진행된 의료 행위를 적절한 치료와 모범적 관례의 표준과 비교할 때만 알 수 있다. 업무가 복잡하고, 업무를 수행할 상황이 모호하고 애매한 경우엔 순서에 입각한 엄격한 절차서를 따를 수 없게 된다. 결과적으로, 이런 저런 상황에서는 이런 저런 점검표를 따랐어야 했다고 주장하기가 쉽지 않을 수도 있다.

그런데 실제로 진행됐던 행위와 대비하여 내세울 수 있는 적절한 치료의 표준엔 어떤 것이 있을까? 이런 것이 있다면 거의 모두가 임의로 정한 것이며, 사후확신에서 나온 것이다. 일례로, 다른-부위 수술이 발생한 경우, 모범적 치료의 표준에 의하면, 의사는 올바른 부위를 절단하거나 수술했다는 것을 확신해야 한다. 사후확신을 통해 발견된 막연하고 공허한 표준으로는 결과적으로 발생한 다른-부위 수술의 실제 환경이나 시스템적 취약성을 설명할 수 없다.

절차서나, 실제로 구할 수 있었던 자료 또는 모범적 관례의 표준을 참조함으로써, 조사관은 논란이 있는 행위의 단편을 진실-후-세상의 위치에서 봤을 때 적용 가능할 것 같은 표준과 일대일로 짝 맞추기를 할 수 있다. 참조할 세상은 사고 진행에서 벗어

난 곳에서 구축됐으며, 조사관이 지금 접근하게 된 자료에 근거하고, 조사관이 지금 진실이라고 알고 있는 사실을 기반으로 한 것이다. 문제는 이러한 진실-후-세상이 사고가 진행된 상황과는 무관하다는 것이다. 진실-후-세상에서는 관찰된 행위를 이해할 수 없다. 진실-후-세상은 조사 대상인 종사자를 둘러싸고 있던 세상을 조사관이 대체한 조사관 자신의 세상이다.

6.2 맥락에서 벗어나기 2
: 유사한 단편적 행위를 사후확신을 통해 찾은 꼬리표 하나에 묶어버림

맥락에서 벗어나서 자료를 취하는 두 번째 방법은, 외부로부터 의미가 주어진 자료를 한데 모으고 꼬리표를 붙여 단편적 행위들이 공통 조건 하에 있는 것처럼 보이게 하는 것이다.

여기에 보일 사례는, 흩어져 있던 단편적 행위를 한데 묶어 종속 처리 사례를 구축함으로써 승무원의 잘못된 결정을 설명한 것이다. 단편적 행위들이 실제로는 잠시도 같은 곳에 있지 않았고 꽤 오랜 시간에 걸쳐 흩어져 있었는데, 이것은 문제 삼지 않았다. 조사에 의하면 단편적 행위들은 공통의 조건 하에 있었다.

"조사관들은 19번 활주로에 착륙을 허가한 관제사의 제안을 운항승무원이 수용하면서 발단된 일련의 오류를 찾아낼 수 있었는데…조종실 음성 기록장치에 의하면 기장과 부기장이 2136:38부터 4초 동안 의견을 나누고 관제사의 제안을 수용하기로 결정했다. 기장이 물었다: '19번 활주로로 곧장 갈까?' 부기장이 응답했다. '좋습니다, 서둘러야 하겠지만, 할 수 있습니다.' 이런 대화가 있기 전에 기장은 부기장에게 칼리에 도착하기 위해 서둘렀으면 좋겠다고 얘기를 나눴는데, 마이애미에서의 출발 지연 때문으로, 승무원들의 휴식 요건 지연 효과를 최소화하기 위해 당연한 노력이었다. 예를 들면, 2126:01에, 기장이 부기장에게 '하강 속도를 높게 유지하라고' 요청했으며… 이런 조치를 완벽하고 효과적으로 수행하기엔 시간이 부족했는데, 직무 수행의 긴급성에 대한 증거와, 19번 활주로 착륙 제안을 운항승무원이 수용한 시간과 비행기가 최초에 접근한 fix, ULQ 지점 통과 사이에 결정적인 정보를 충분히 검토하지 않은 것을 알 수 있다. 결과적으로, 몇가지 필수 단계 수행이 부적절했거나 전혀 이뤄지지 않았다". (Aeronautica Civil, 1996, p. 29)

활주로 변경과 자체적으로 부과한 업무 부하로 운항 승무원에게 "상황 인식 결여"라는 결과가 나왔는데, 이것 또한 여기저기에서 언급된 음성 조각들을 묶어 조성한 주장이다.

"… 애당초 19번 활주로에 착륙을 시도할 때부터, 승무원은 인식 결여 증상을 보였고… 부기장이 묻길 '여기가 어디죠', 이어지는 '그래서 ULQ로 돌아가기 위해 좌측으로 방향을 돌리려고요'. 기장이 응답하길, '잔소리 말고, 속도를 높여'… 그리고 부기장이 말했는데 '좋아요, 어디로 가죠?'… 상황 인식 부족은 기장이 칼리 항공 교통 관제사와 통화할 때도 명백하게 확인됐다".[3)]

사건 진행에서 증거를 취해, 모두가 조건을 공유하는 것처럼 보이는 단편적 자료를 검색하는 것은 어려운 일이 아니다. 조사관들이 음성 기록을 다루는 방식은 그것을 마치 일반 채석장에서 돌 고르듯 하며, 이 돌로 사고를 설명할 건물을 짓는다. 조사관들 사이에 이런 관행은 종종 "선별법"이라고 하는데, 미리 결정한 증거에 끼워 맞출 수 있는 조각들을 선택하는 것이다. 선별법이 갖고 있는 문제는 아래와 같이 다양하다.

- 문제의 행위를 설명하기에 합당한 모든 종류의 세부사항을 누락할 가능성이 있다.
- 각각의 선택, 각각의 단편적 자료는 그것이 표출된 맥락 밖에서는 의미가 없다. 각각의 자료가 여타의 "유사한" 자료와 함께 합쳐져야 실제로 그만의 얘기, 그만의 배경, 그만의 맥락, 그만의 존재 이유가 된다. 그 자료가 표출됐을 때 지금 함께 합쳐진 다른 단편적 자료와 상관이 없었을지 모르지만, 유사성을 부여하는 것은 전적으로 되짚어보는 사람 마음먹기에 달려있다; .
- 많은 행적, 많은 행위가, 조사관이 사고 경위를 설명하기 위해 선별한 단편적 자료 사이에서 이뤄졌다. 이렇게 단편적 자료 사이에 있는 에피소드가 포함하고 있는 것은, 종사자의 지각 및 판단이 어떻게 변화하고 전개되었는지와 연관된 정보로서, 잘려진 단편적 자료가 시간뿐만 아니라 의미상으로도 왜 다른지를 설명해주는 정보이다.

이와 같이, 단편적 유사 행위를 함께 묶을 조건은, 각각의 단편적 행위가 표출된 환경과는 상관이 없는데, 그 조건은 그런 환경의 특성이 아니라 조사관이 만든 것이기 때문이다. 증거에 대한 증거를 찾도록 하는 이론을 마주치게 될 위험한 상황을 초래할 수 있다. 이렇게 되면 조사가 문제점을 밝히는 것이 아니라, 동의어 반복이 되고 만다. 어떻게 문제를 해결할 것인가?

6.3 자료를 맥락에 맡기기

맥락에서 벗어난 자료를 취하는 것은, 다음 중 하나인데

- 지금 여러분이 진실이라고 알고 있는 세상에 자료를 일일이 맞춰보거나, 혹은
- 사후확인을 통해 찾아낸 조건 하나에 선별한 단편적 자료를 함께 뭉뚱그려 넣는 것이다.

이렇게 하면 자료의 원래 의미를 잃는다. 그리고 이렇게 맥락을 벗어난 자료는 동시에 새로운 의미를 갖게 되는데, 그 의미는 외부에서 사후확신을 통해 부여된 것이다. 여러분이 지금 진실이라고 알고 있는 맥락에서 자료를 볼 때 이런 새로운 의미가 부여된다. 또한 유사한 것처럼 보이는 단편적 자료를 대충 묶어서 외부의 꼬리표를 붙이는 것으로 의미를 부여한다.

자료가 표출된 시간과 장소에서 자료가 가졌던 실제 의미를 이해하려면, 조사관 여러분 자신이 과거로 들어가야 한다. 자료를 표출하고 둘러쌌던 맥락으로 재배치되어야, 인간 행위의 본질적 의미를 알게 된다.

이에 대해 역사학자 바바라 터크만은 이런 식으로 말했다: "모든 기록은 그것을 낳은 환경을 고려하여 읽어야 한다. 시간대가 다른 사람에게 선택이 주어질 경우, 기록을 남긴 사람이 겪었던 그 모습 그대로의 과거를, 그 사람들이 알고 보았던 것에 한정해야 하며, 우리 것에 맞추면 안 된다.[4]

각주

1) 사고 보고서: Aeronautica Civil (1996). Aircraft Accident Report: Controlled flight into terrain American Airlines flight 965, Boeing 757-223, N851AA near Cali, Colombia, December 20, 1995. Santafe de Bogota, Colombia: Aeronautica Civil Unidad Administrativa Especial.
2) Boeing submission to the American Airlines Flight 965 Accident Investigation Board (1996). Seattle, WA: Boeing.
3) 참고문헌 1의 사고 보고서, 33-34 쪽.
4) Tuchman, B. (1981). Practicing history: Selected essays. New York: Norton, page 75.

제2부

인적 오류에 대한 새로운 관점

인적 오류는
시스템 내부 깊숙한 곳에 내재된 문제가 표출된 증상이다.

사고를 설명하기 위해,
잘못을 저지른 사람이 있는 곳을 찾으려 하지 말고,
그를 둘러싼 환경을 고려하여 그 당시 종사자의 판단이나 조치가
어떤 의미가 있는지를 조사하라.

7. 인적 오류-새로운 관점

복잡한 시스템에서 안전을 창출하는 것은 사람이다.

인적 오류의 새로운 관점에선

- 인적 오류는 사고의 원인이 아니다. 인적 오류는 내재된 문제로 인한 효과와 증상이다.
- 인적 오류는 무작위로 발생하지 않는다. 인적 오류는 종사자의 도구, 직무, 운영 환경 특성과 시스템적으로 연결되어 있다.
- 인적 오류는 조사의 결론이 아니다. 인적 오류는 시작점이다.

역사적으로 볼 때 "인적 오류"라는 꼬리표를 달고 결론을 맺은 사고 조사는 수두룩하다. 폴 피츠는, 1947년에 항공기 인적요인을 최초로 도입했는데, 인적 오류에 대한 시각을 극적으로 바꾸는 계기가 되었다. 그에게 제시된 460건의 "조종사 오류"를 파헤쳐 그가 찾아낸 것은, 대부분의 경우 조종사가 플랩(비행기의 날개에서 양력이 커지도록 하는 장치)과 착륙기어 손잡이를 혼동했다는 것이다. 전형적인 오류는, 조종사가 착륙하고 나서 플랩 대신 착륙기어를 잡아당겨, 항공기가 지면에 폭삭 주저앉게 됨으로써 막대한 피해가 발생한 것이다.

피츠는 대표적인 조종실의 구조를 살펴보다가, 착륙기어와 플랩제어 장치가 서로 가까이 있는 것을 발견했다. 그 둘은 모양이 같고, 느낌도 같았지만 상대적인 위치는 조종실마다 달랐다. 오류의 덫이 입을 벌리고 있었다고 말할 수 있다. 오류는(두 손잡이를 혼동하는 것은) 이해할 수 없거나 무작위한 것이 아니라, 시스템적인 것이었고, 조종실 배치 특성 때문인 것이 명백했다.

피츠의 조사(1947) 이후 인적 오류에 대한 이런 근본적인 생각들이 확장되었다. 이제는 새로운 관점에서 사고 뒤에 감춰진 시스템적 이유를 파악하기 위해, 종사자가 작업하는 하드웨어의 설계를 조사할 뿐만 아니라, 종사자의 운영 및 조직 특성, 특히 종사자가 절충할 수밖에 없도록 하는 특성들도 조사한다.

한 항공사 조종사가 1996년 눈 폭풍에 운항을 하지 않겠다고 해서 해고됐지만, 법원 판결로 천만 불을 보상 받았다. 그 조종사는, 그 항공사에서 10년을 근무했는데, 눈 폭풍 속에서 터보 프로펠러 비행기를 회항했다고 해고된데 반발하여 제기한 소송에서 보상을 받은 것이다. 조종사 말로는, 댈러스에서 휴스톤으로 가려고 했으나 상황이 안 좋아 공항으로 돌아왔다는 것이다.[1)]

조종사를 영웅으로 만든 배심원(그들 자신이 잠재적 승객일지도 모르는)들은, 조종사가 눈 폭풍 속 비행을 강행했을 수도 있었다고 했다. 그러나 만약 결빙 때문에 비행기에 무슨 일이 생기면, 조사 결과는 "인적 오류"로 나올 것이고, 조종사가 알고도 혹독한 결빙 상태로 몰고 갔다고 할 것이다. 그가 절충안을 택한 까닭은 불과 몇 년 전에 발생한 그 항공사 터보 프로펠러 비행기 추락을 감안하고 봐야 했는데, 그 추락 사고는 결빙 탓으로 돌려졌다.

이러한 예로 확인할 수 있는 것은

· 종사자가 운영하는 시스템에서 결코 안전만이 유일한 목표는 아니다. 업무 수행에는 항상 상호작용하는 복합적인 압박과 목표가 있다. 경제적 압박도 있는데, 즉, 일정, 경쟁, 고객만족, 대중 이미지와 관련된 압박들이다.
· 안전과 여타 목표 사이의 절충은 때때로 불확실하고 애매한 상황 하에서 이뤄진다. 안전 이외의 다른 목표는 측정이 용이하다(절약해야 할 연료의 양이 얼마지? 목적지까지 가기에 충분한가?). 하지만, 그런 목표를 달성하기 위해 안전에서 얼마를 떼어내야 하는지는 정말로 어렵다.
· 기본적으로 시스템은 안전하지 않다. 시스템에 종사하는 종사자는 여러 분야의 기술을 한데 묶고, 압박에 적응하여, 불확실한 상황 하에서 조치 사항을 수행하고 안전을 창출해야 한다.

일상에서 실무자들이 이행하는 수없이 많은 크고 작은 결정 및 검토에서, 알게 모르게, 안전과 다른 목표 사이의 절충이 이뤄진다. 이륙할까 말까? 밀어붙일까 말까? 수술할까 말까? 개복수술을 할까 말까? 지시를 받아들일까 말까? 이러한 표시나 경고를 문제의 조짐으로 받아들일까 말까? 불확실성이 크고 종종 시간 압박도 큰 상황 하에 이런 절충을 이뤄야 할 필요가 있다.

기본적으로 복잡한 시스템은 안전하지 않다.
다중의 시스템 목표를 달성하면서 안전을 창출해야 한다.

인적 오류에 대한 새로운 관점으로는

- 종사자가 활발하게 안전을 창출한다. 그들만이 실제 운영 조건 하에서 안전과 다른 압박 사이의 절충을 취할 사람들이다.
- 인적 오류가 부지불식간에 발생하는 것이 아니다. 인적 오류는 인적 기량의 다른 측면으로, 증거가 애매하고 결과가 불확실한 상황에 맞닥뜨렸을 때 절충을 취할 수 있는 인간의 능력이다.

7.1 조사와 인적 오류에 대한 새로운 관점

새로운 관점에서는, 하나의 통일된 원칙에 의해 조사가 진행된다.

인적 오류는 깊숙이 내재된 문제점이 표출된 증상이다.

인적 오류는 사고 조사의 시작점이다. 조사에서 관심을 가져야 할 것은 오류가 가리키는 방향이다. 종사자의 근본적인 문제가 무엇인지? 조사에서는 오류 뒤에 감춰진 것을 겨냥해야 하는데, 다른 말로 하면, 단위 운영 조직으로 밀고 내려온 조직에서의 절충으로, 신기술 영향, 인적 행위를 둘러싼 환경에 묻힌 복잡성, 어려운 상황을 조성하게 만든 정신노동의 본질, 사람들이 일이 되게 하기 위해 조정하고 의사소통하는 방식, 그들 주위에서 취득한 증거의 불확실성 같은 것이다.

새로운 관점으로 조사를 수행하면 이런 일에 관심을 갖게 되는 이유는 무엇일까? 왜냐하면 이런 일들에서 조치사항이 이뤄지기 때문이다. 만약 우리가 운영하는 시스템에 대해 가치 있는 교훈을 얻으려면, 인적 오류를 다음과 같은 것으로 여겨야 한다.

- 시스템에서 업무를 수행하는 모든 실무자들이 가졌을 것 같은 문제를 볼 수 있는 창문
- 시스템에서의 일상적 행위를 나타내는 표지이며, 잠재적 오류를 발생시키는 조직적, 운영적, 기술적 특성을 좀 더 파악할 수 있는 기회

새로운 관점에 의하면 사고 조사 결론에 포함될 권고문 내용은

· 개별 실무자에 대한 것은 결코 포함하지 말아야 하는데, 왜냐하면 실무자가 범한 오류는 취약할 것 같은 시스템적 문제가 표출된 증상이기 때문이다.
· 더 엄격한 절차를 따르도록 하지 말아야 하는데, 왜냐하면 기존 지침서가 잘 맞지 않았던 복잡하고 동적인 환경을 다루려면 재량이 필요하기 때문이다.
· 신기술 도입을 약속하는 덫에 빠지지 말아야 한다. 신기술로 특정 잠재적 오류를 제거할지 모르지만, 신기술로 인해 복잡한 문제와 오류의 덫이 새롭게 나타날 가능성이 있다.

7.2 안전의 진전

인적 오류에 대한 새로운 관점이라고 해서 인적 오류가 존재하지 않는다고 말하는 것은 아니다. 사람들은 끊임없이 실수를 범하는데, 목표는 달성하지 못하고, 선택을 잘못하며, 상황도 제대로 파악하지 못한다. 사후확신을 통하면 이런 것이 모두 잘 보이므로, 어쩌면 그 자신이 상황 안에 갇혀있는 종사자에게도 그것이 보일 수 있을 것이다.

그러나 새로운 관점에서는 이것으로 종사자를 판정하지 않는다. 새로운 관점이 지향하는 것은 종사자가 알아챘어야 했던 것이나 알아챌 수 있었던 것 그 너머이다. 그보다는, 새로운 관점이 지향하는 것은 "왜"에 대한 설명이다. 인적 오류에 대한 새로운 관점으로 이해하기 바라는 것은, 왜 종사자가 그렇게 판단하고 결정했으며, 왜 그런 판단이나 결정이 그 상황 내부에 갇혀 있는 종사자의 시각으로 봤을 때 의미를 갖느냐는 것이다. 조사관 여러분이 종사자가 처한 상황을 내부에서 본다면, 종사자가 스스로 할 수 있는 만큼 많이 상황을 재구축할 수 있으며, 그들을 둘러싼 불확실하고 모호한 상황이라 해도, 종사자는 그들이 처한 상황을 최대한 잘 이용하려 했다는 것을 알기 시작할 것이다. 그 상황 내부에서 보았을 때, 그들의 행동이 의미를 가질 텐데, 그들의 행동은 그들의 도구, 직무, 환경 특성과 시스템적으로 연결되어 있기 때문이다.

조사의 요점은 종사자가 잘못을 범한 곳을 찾는 것이 아니라

그 시점에 그들의 판단과 조치가 의미를 갖는 이유를 이해하는 것이다.

이 실무지침서는 여러분이 새로운 관점으로 인적 오류를 조사하는데 도움을 주려 한다. 종사자가 그 당시 처한 환경에 의거하여 행한 판단과 조치가 어떻게 그들에게 의미를 부여했는지 찾는 것을 도우려 한다. 다음 장에서, 여러분이 조사하고 있는 종사자의 판단과 조치를 그들이 본 방식대로, 사건의 순서와 전개되는 상황을 재구축하는 방법에 대한 구체적인 지침을 보게 될 것이다.

각주

1) International Herald Tribune, 15 January 2000.

8. 인적요인 자료

사람의 행적에 대한 퍼즐 조각들을 맞추려면 자료가 필요하다. 어떤 자료가 필요하고, 어디서 구할 수 있을까? 첫 번째 떠오르는 생각으로, 구할 수 있는 자료는 모두 필요하다고 말할 수 있다. 사고 조사와 연관해서 보면, 전개되는 일련의 사건에서 인적요인을 가장 중요하게 다뤄야 할 경우가 자주 있다. 여러분이 조사하는 종사자는 무중력 상태에 있었던 것은 아니고, 그를 둘러싼 시스템의 거의 모든 측면을 감안하여 임무를 수행하였을 것이다.

예를 들면, 조종사가 악천후에 공항 진입을 멈추지 않아 활주로에서 문제가 생겼다고 하자. 이런 경우 조사관 여러분은 기후에 대한 자료와, 시간에 따라 기후에 대한 단서가 어떻게 나타났는지에 대한 자료가 필요하다. 간호사가 어린 환자에게 용량의 10배인 약을 처방함으로써 목숨을 잃게 된 경우를 보자. 이 경우 여러분이 필요한 것은 약품에 기재된 허용량 자료이다. 이와 함께 여러분이 필요한 것은, 간호사의 피로도 및 일정관리에 대한 중압감, 직무의 포화상태 및 업무 부하, 외부로부터 신경 쓰게 만드는 것, 밤낮으로 변하는 간호사 대비 환자 비율, 약품 처방과 이중 확인 절차, 의사의 감독, 이외에도 많은 것이 있을 것이다.

인적요인이 인간에 대한 것만은 아닌 것은, 인적 오류가 인간에 대한 것만이 아닌 것과 같다. 인적요인은 종사자의 행적에 시스템적으로 영향을 미치는, 종사자의 도구, 임무, 작업 환경 특성이 어떤가를 다루는 것이다. 그렇기 때문에, 여러분은 당면한 사건과 관련 있는 특성 모두에 대한 자료를 수집할 필요가 있다. 이 장에서는 아래와 같은 인적요인 자료의 다양한 출처에 대해 알아볼 텐데, 각각에 대한 장단점도 포함한다.

· 제 3자 및 역사적 출처 자료
· 사건에 관여한 종사자의 보고
· 종사자의 행적이나 공정의 결과에 대한 기록

8.1 제3자 및 역사적 출처 자료

사람의 행적에 의심이 날 때 조사관이 공통적으로 취하는 방법은 다른 사람에게 묻거나, 역사를 들춰 그 사람의 배경이나 과거 행적을 파헤치는 것이다.

이런 자료를 가지고, 여러분이 할 수 있는 것은

· 조사 대상자에 대해 의견을 제시해 줄 수 있는 동료나 다른 사람을 인터뷰 하는 것
· 교육 또는 다른 해당 자료를 살펴보는 것
· 사고에 이르기까지의 시간 동안 종사자가 한 것을 문서화하는 것

8.1.1 개인적 결함 찾기

다수의 조사에서, 자료를 수집하기 위한 이런 방법들은 주로 "제거"를 하는 과정에 쓰이는데, 다시 말하면, 문제의 종사자에게 특별히 주어지고 장기간 지속했던 혹은 갑작스러웠던 취약점을 제거하기 위해 배경을 점검한다. 그런데 제 3자와 역사적 출처의 자료는 썩은사과 이론에 불을 붙일 수 있는데, 사고는 개인적 결함에 의한 것으로, 결함이 순간적이든지 장기간 지속된 것이든지 상관없이, 사고 당사자 때문이라는 것이 썩은사과 이론이다.

2장 초입에서 언급한 잠수함 사고 기억나십니까? 제독이 그의 부하 지휘관의 행적에 대한 진술에서, 1년 전에 있었던 항해에서 부하 지휘관이 자신의 우월함 때문에 승조원에게 임무를 맡기지 않았다는 것을 제독이 알아차렸다고 해명했다. 그랬다면, 제독은 1년전 그 때 부하 지휘관에게 "부하들이 지휘관을 따라잡도록 하라"고 주지시켰어야 했다.1)

사후확신으로 인해, 종사자 개인의 결함에 대한 증거 찾기가 심하게 왜곡된다. 사후확신을 통해 조사관 여러분은 종사자가 오류를 범한 곳을 알기 때문에, 무엇을 찾을지 알며, 열심히 파헤치기만 하면 증거를 찾을 수도 있는데, 그것이 진짜 증거일 수도 있고 상상하던 것일 수도 있다. 우리 모두는 문제가 있는 사건에 대해 문제가 있는 과거를 뒤집어 씌워 의미를 부여하는 데 일가견이 있다. 다수의 연구에서 밝혀진 것은, 우리가 사고의 결과를 알기만 하면, 사고가 발생하기까지 앞뒤가 그럴듯하게 이어지는 이야기를 구성하는 방법에 대한 것인데, 이런 이야기에서는 잘못된 결과에 연루된 종사자가 그런 짓을 저지를 수밖에 없도록 나쁘게 그려진다. 이와 같은 사고에 대한 반응으로 인해 개인적 결함에 대한 진실-후 자료 파헤치기는 비생산적(썩은사과 이론을 지원하기 때문)일뿐만 아니라 믿을 수 없게 된다.

8.1.2 시스템적 결함 찾기

운전자 개인의 결함은, 운전자 문제가 증상으로 나타난 것으로, 시스템 내부 깊숙이 내제한 문제점을 찾기 위한 시발점으로 활용될 수 있다. 일부 예는 다음과 같다.

· 사고 발생 전 72 시간 동안 운전자 거취를 보고, 개별 운전자들이 지쳤다는 것을 알 수 있다. 이럴 경우, 이것은 단지 개인적인 문제가 아닐 뿐만 아니라, 운영 및 일정 관리의 특성이기 때문에 다른 운전자들에게도 동일한 영향을 미친다.
· 나중에 사고에 관련된 사람들의 교육 기록을 보면, 때때로 그들의 업무 진척 및 성과가 평균 이하인 것을 알게 된다. 하지만, 이 둘을 연결 짓는 것은 사후확신밖에 없는데, 사후확신을 통해, 특정 사건과 역사적 기록으로부터 사건에 연루된 결함 자료를 선별하여 사건을 되짚어볼 수 있게 되기 때문이다. 증거가 사실이든지 아니면 상상한 것이든지, 그 증거는 거의 예정된 것으로, 되짚어 찾으려고 한 것이 바로 그 증거이기 때문이다. 하지만 이 증거를 일련의 사건에서 행해진 조치나 판단에 대한 특정 사유와 연결지울 수는 없다. 교육 기록이 더 많은 관심을 끄는 점은, 운전자 모두가 참여했고, 교육 방법과 일시를 알 수 있는 교육 대상으로 간추렸을 경우이다. 예를 들면, 사고 진행에서 문제를 일으킨 행위에 대해 특별히 조심해야 할 사항을 인식시키기 위해 어떤 교육을 실시했나? 이런 교육을 마지막으로 받은 게 언젠가? 이런 질문에 대한 응답으로부터 종사자가 받아야 할 것 같은 교육과 그들이 이행해야만 할 것 같은 업무가 일치하지 않는 것에 대한 근본적인 이유를 더 잘 파악할 수 있다.
· 운전자가 어떤 점을 지나치게 염려하는 것을 발견할지 모르는데, 예를 들면, 고객만족 같은 점이다. 사후확신을 통해 이런 경향이 사고 진행과 관련이 있다는 것을 알게 되는데, 일례로, 종사자들이 이쪽으로 갔어야 했는데(우회하거나, 다시 하거나, 다른 길로 가거나, 등등) 저쪽으로 갔다(속도를 높였다)는 것이다. 동료의 인터뷰를 통해 종사자가 얼마나 고객 지향적인지 확인할 수도 있지만 이런 경우 종사자가 특정한 오류를 범했다고 몰아가기보다, 조직 전체 탓으로 돌려야 한다. 조직에서는 다소 애매한 방법으로, 안전보다는 여타 조직 목표를 취하도록 절충을 조장했을 수도 있으며, 어쩌면, 그런 관행이 오랫동안 지속되었을지 모른다.

8.2 종사자의 보고

사고에 연루된 종사자에게 묻는 것은, 그럴듯하지만 왜곡 가능성이 매우 크다. 이것은 질문 받은 종사자가 진실을 왜곡하려 하기 때문은 아니다. 사실, 종사자가 무엇이 잘못 됐고 왜 그렇게 됐는지에 대해 관심을 보이는 경우를 보면 일반적으로 종사자는 자신들이 행한 조치나 판단에 솔직한 편이다. 오히려, 문제가 되는 것은 인간 기억력의 본질 때문인데

- 인간의 기억력은 비디오테이프 같이 되감고 재생하는 기능이 없다.
- 인간의 기억력은 사람이나 사물로부터 받은 인상들의 그물로서 엄청나게 복잡하고, 상호 연결되어 있다. 실제 일어난 사건과 나중에 들어온 입력으로부터 알게 된 단서와는 떼려야 뗄 수 없게 되는 것은 순식간이다.
- 인간의 기억력은, 사건을 실제보다 더 순서 있게 정렬을 잘하는 경향이 있기 때문에, 기억력은 사건이나 이야기의 앞뒤 연결이 더 잘 되게 만들 수 있다.

게리 클라인은 소방관, 조종사, 간호사 등에 대해 사고 발생 후 보고하는 방법을 오랜 시간에 걸쳐 개선했다. 다음에 살펴볼 이런 방법으로 얻은 통찰력은, 인적 오류로 인한 사고를 조사하는 조사관들에게 도움이 될 것이다. 2)

8.2.1 보고의 목적

주로 사고 종사자의 보고는 사고 당시 종사자를 둘러싼 상황의 재구성을 돕고 그 상황에 대한 그들의 견해를 구하기 위한 것이다. 일부 조사에서는 사건 진행 동안의 세상을 재생(예를 들면, 조종실 계기, 레이다 표시, 공정 제어 계기판 등)할 수 있는데, 이것을 훌륭한 도구로 볼 수도 있다. 그러나 기억력 왜곡을 방지하기 위해서는 조심해서 다뤄야 한다. 클라인이 제시한 보고 순서는 다음과 같다.

(1) 우선 종사자가 자신의 관점에서 이야기를 하게 하며, 어떤 재생장치도 보여주지 않아야 하는데, "종사자의 기억을 되살려줄"것으로 여긴 재생장치가 실제로는 기억을 왜곡시키기 때문이다.
(2) 다음에 종사자에게 조사관이 이해한 이야기를 다시 들려준다. 이것은, 조사관의 이해를 종사자의 이해와 비교하여, 이해를 공유하는데 필요하다.
(3) 여러분이 이미 그렇게 하지 않았다면, 사건 진행에서 결정적인 갈림길을 종사자와 함께 확인한다(9장 참조).

(4) 상황 내부에 있던 종사자에게 각각의 갈림길에서 세상이 어떻게 보였는지 꾸준히 확인하고 재구성한다. 이때 생각이 잘 나지 않는 부분을 메꾸기 위해, 또는 종사자들이 구할 수 있었던 자료와 그들이 실제로 관찰할 수 있었던 자료 사이의 차이를 알려주기 위해, 재생장치(구할 수 있다면)를 보여주는 것도 괜찮다.

사건 진행에 있던 각각의 갈림길에서, 여러분이 알고자 하는 것은

· 어떤 단서를 관찰했나(주목한 것 또는 주목하지 않은 것 또는 주목하려고 한 것은 무엇인가?)
· 상황을 다루기 위해 동원한 지식은 무엇인가? 이번에 다룬 상황과 유사했던 상황을 종사자가 경험한 적이 있나?
· 일이 어떻게 전개되리라고 종사자가 예상했으며, 사건 진행 과정에 영향을 주어야만 한다고 생각해서 선택한 것은 무엇인가?
· 상황을 이해하고 조치를 취하기 위해 도움이 된 다른 영향(운영상 또는 조직상)은 어떤 것인가?

8.2.2 물어봐야 할 클라인의 질문 중 일부

결정적인 갈림길 각각에서 상황 내부에 있던 사람의 상황 인식을 확인하기 위해 게리 클라인과 그의 동료 연구관들이 물었던 전형적인 질문들은 다음과 같다.

단서	· 무엇을 보고 있었나? · 무엇에 집중하고 있었나? · 무엇이 일어난다고 예상하고 있었나?
해석	· 만약 여러분이 동료 조원에게 그 갈림길에서 상황을 설명해야 했다면, 어떻게 애기했을까?
오류	· 이 갈림길에서 어떤 오류를 범했나(예를 들어 해석에서)?
이전 경험/지식	· 이전에 경험한 것이 떠오르나? · 이 상황이 통상적인 경우에 해당했나? · 이런 상황을 다루기 위한 교육을 받았나? · 이런 경우에 적용할 규칙이 있나? · 무엇을 해야 할지 알기 위해 도움을 받았던 지식의 다른 출처가 있나?

목표	· 그 당시 조치를 이행할 때 제일 중요했던 목표는 무엇인가? · 시간이 빠듯했나?
조치 이행	· 사건 전개 과정에 영향을 줄 수 있다고 어떻게 판단했나? · 여러 가지 가능성에 대해 협의하거나 상상했나 아니면 뭘 할지 직감으로 알아차렸나?
결과	· 예상대로 결과가 나왔나? · 상황에 대한 평가를 갱신해야 했나?

물론, 사고 보고가 이렇게 엄격한 질문서를 따를 필요는 없지만, 조사 중인 사건에 부합하도록 적절한 질문을 택하면 된다.

8.2.3 보고에서 확인된 의견 충돌 및 불일치 다루기

운전자들이 얘기를 바꾸는 것은 드문 일은 아니며, 많진 않지만, 보고할 때마다 바꾸기도 한다. 또한, 동일한 사건 진행에 연루됐던 다른 종사자가 사건 보고를 다르게 할 수도 있다. 사건에 대한 보고에서 자기변호가 어느 정도 작용한다고 봐야 하는데, 예를 들면, 종사자는 자신이 관여한 사건에 대해, 사건의 실상이나, 이전에 판정한 것, 혹은 타인의 발언과 반대되는 인상을 유지하려 할 수 있다. 여러분은 조사관으로서 이런 일을 어떻게 다룰 것인가? 이런 일은 대부분 상황에 따라 다르다. 그러나 다음과 같이 포괄적으로 적용할 수 있는 지침이 있다.

· 의견 충돌이나 불일치는, 조사에서 확인되는 대로, 명백히 밝혀야 한다.
· 동일인의 발언이 먼저와 다르다면, 사건을 분석할 때 어떤 발언을 기준으로 할 것인지 정하고 그 이유를 명백히 밝혀야 한다.
· 무엇보다 중요한 것은, 의견 충돌이나 불일치를 조사에 지장을 주는 것으로 보지 말고, 인적요소가 추가된 것으로 보아야 한다. 대부분의 경우, 불일치가 말해주는 것은 상충된 목표가 사건 진행에 영향을 미쳤다는 것이고, 다시 영향을 미칠 가능성이 있다는 것이다.

8.3 행적에 대한 자료 기록

인적 오류 조사에서 아무리 많아도 더 원하게 되는 것 한 가지는 더 많은 기록 자료 그리고 더 많은 성능 자료를 확보할 수 있는 새로운 아이디어와 제안이다. 이것은 특히 사고 종사자에게서 보고를 들을 수 없는 경우에 그렇다. 종사자의 행적 기록은 엄청나게 발전했는데, 예를 들면, 기록 매체와 기록 방법 그리고 자료 전달 기술이 연쇄적으로 발전해서, 이제는 조종실이나 여타의 중요 사업장에는 영구적으로 작동하는 비디오카메라가 설치되어 있다. 항공기의 경우, 상용기 조종사가 비행을 할 때마다 기록되는 디지털 자료는 엄청난데, 이것은 거의 모든 항공기에 장착된 감시 시스템으로 이뤄지는 것이다.

그러나 이런 자료를 입수한다고 문제가 다 해결되는 것은 아니다. 이들 자료가 이치에 맞도록 하는 능력, 즉, 일련의 사건 전개에서 종사자가 어떻게 연루 되었는지를 재구성하는 것은, 그들의 행위를 추적하여 기록하는 기술적 능력 발전에 못 미친다. 최신 자료 처리 기술에 빠져 간과하기 쉬운 문제는, 인적 행위 기록이, 음성(예를 들면, 조종실 음성 기록기)이든 또는 공정 변수(예를 들면, 비행 자료 기록기)이든 결코 진실하거나 완벽한 행위에 대한 기록이 아니라는 것이다.

기록은 추적 자료의 일부분으로, 자그마하고 편지함 크기 정도의 창문을 통해 종사자가 행한 판단이나 조치를 보는 것인데, 이것은 거대한 그림의 일부분에 지나지 않는다. 다채로운 현장에서 이뤄졌던 인적 행위는 뒤에 남겨진 추적 자료보다 훨씬 더 다양하다. 추적 자료를 통해 사건 발생 당시 종사자가 속했던, 자료 너머에 있는 세상을 볼 수 있어야 하는데, 종사자들의 임무, 목표, 인식, 의도, 생각으로 사라져버린 것들이다. 조사관이 풀어야 할 과제는, 종사자가 그들 주위에서 일어난 것으로 무엇을 했는지를 조합해야 하는 것이지만, 도처에 산재한 장애로 그것을 이루기가 쉽지 않다.

8.3.1 관습적 제약

조사에서 공식적으로 제약을 받는 사항은, 추적 자료를 남겨 논 종사자 주변에서 전개됐던 세상을 추적할 수 있는 기록 자료(예를 들면, 계기 지시값, 자동 모드 설정치)를 조합하는 방법에 대한 것이다. 관습 및 규칙에 따라, 원인을 조사하기 위해서는 사실에 근거한 자료만을 사고 분석에 사용할 수 있다고 정해져 있다(예를 들면, 항공 사고의 경우). 이러한 규정 때문에 음성이나 자료 기록은 인간 행적에 대한 증거로서는 사실에 의거한 것만, 맥락을 벗어난, 빈약한 것으로 남게 된다.

8.3.2 자동화 관련 추적 미흡

여러 산업분야에서 종사자 행적에 대한 자료 문제는, 오늘날의 자료 기록 장치가 자동화-관련 중요한 추적 자료를 놓친다는 사실로 어려움이 가중된다. 정확하게 이런 자료는, 오늘날의 업무를 수행하는 다수가 속해 있는 환경에서 문제 해결에 직접적으로 영향을 주는 중요한 자료이다. 운전자 업무의 대부분은 직접적인 공정제어로부터 자동화 시스템의 관리 및 감독으로 바뀌었고, 사고가 인간과 기계 사이의 연계에서 생긴 사소한 문제로 촉발되는 경우가 종종 발생한다.

인간과 기술 사이의 연계부위 자료를 추적할 수 있는 기록을 하지 않는 것은, 시스템 사고에 연루된 인간을 이해하기엔 부족한 것이 많다는 것을 시사한다. 예를 들면, 다수의 자동화 항공기의 비행 자료 기록기가 추적하지 않는 것으로, 어떤 항로표지를 조종사가 선택했는지, 항속, 진행 방향, 고도 및 수직 방향 속도 관련하여 선택한 자동 모드 제어판은 무엇인지, 또는 두 개의 조종사 이동 지도 표시에는 어떤 것이 보였는지 하는 것들이다. 이것 때문에 수평 및 수직 항로 결정이 어떻게 그리고 왜 그렇게 됐는지 이해하기 어려우며, 저고도 통제비행 사고(중요한 부류에 속하는 항공 사고)를 조사하는 데 지장을 준다.

8.4 인적요인 자료의 문제점

인적 오류 조사관의 문제 중 하나는 자료 부족인 것처럼 보인다. 종사자가 무엇을 했고, 왜 그랬는지 알려면 공정 변수나 이행 변수에 접근할 필요가 있다고 생각할 것이다. 이러한 자료 부족 해결은 기술적으로 가능하나 사회적으로는 바람직하지 않은데(예를 들면, 사업장에 비디오카메라 설치), 실제로 이런 기술적 자료의 해상도가 올바르고 각도도 올바른지 문제가 된다.

이것이 뜻하는 바는 결정적 공정변수(예를 들면, 항공기 좌측 운전자의 표시기에 나타난 것의 실체는 무엇인지?)를 알기 위해서는 유추를 해야 한다. 여러분이 실제로 얻은 추적 자료로부터 누락된 변수에 대한 증거를 구축해야 한다. 예를 들면, 운전자 중 하나가 표시기를 가리키면서 소리를 지른다면("근데 왼쪽으로 간 것 같아…" 또는 그런 효과를 내는 뭔가를 한다면) 그들의 임무 및 목표와 연관된 다른 자료나 지식과 조합해서 충분히 파악할 수 있는 단서를 제공해야 하는 것이다.

완벽한 자료는 없다는 것을 염두에 두어야 한다. 인적 오류 사고에서 입수할 수 있는 자료의 한계는 없으며 모든 자료를 다 입수할 수도 없다. 인적 오류 자료는 무한하며, 여러분이 알고자 하는 데 다다를 때까지, 출처가 다른 여러 자료를 서로 연결하고 부족한 것은 메꿔 자료를 재구축해야 하는 경우가 종종 있을 것이다.

이런 경우 새로운 문제를 다루게 된다. 예를 들면, 조사에서 사실적인 자료와 분석을 구분할 필요가 있게 된다. 그렇다면 조사관 여러분이 다른 자료로부터 어떤 자료를 유도하거나 유추하려 할 때 이 둘 사이의 경계선이 어디일까? 이것은 전적으로 여러분이 사실적으로 설정한 것이 무엇이며 그것을 어떻게 사실적으로 설정했느냐에 달려 있다. 여러분의 추론 뒤에 있는 원리의 구조가 튼튼하다면, 즉, 만약 여러분이 한 일이 무엇이고 여러분이 결정을 왜 그렇게 했는지에 대한 이유가 충분하다면, 유도가 잘 된 자료를 사실적 자료로 봐도 전혀 무리가 없을 것이다.

각주

1) International Herald Tribune, 14 March 2001
2) 참조: Klein, G. (1998). Sources of power: How people make decisions. Cambridge, MA: MIT Press

9. 전개되는 정신상태 재구성

여러분이 조사 착수를 위해 자료를 모았다고 하자. 이 장을 통해 조사관 여러분이 확보한 자료를 가지고 사건을 해석하는데 필요한 도움을 받을 수 있을 것이다. 여러분이 하고자 하는 것은, 인적 행적에 대한 자료를 가지고 그 행적을 어떻게 해석할 것인가 하는 것으로, 인적 오류 분석에서 가장 어려운 과정에 속한다. 과학을 동원해서도 아직은 이 문제의 해결 방법을 찾지 못했다. 다양한 시도와 방법이 제시됐지만, 완벽하게 적용할만한 것은 없으며, 폭넓은 지지를 받기엔 아직 멀었다. 우리가 아는 것은 일부 단점과 어떤 어려움이 있는지에 대한 정도이다. 4장에서 이런 어려움 대부분에 대해 언급했지만, 기억을 되살리기 위해 해야 할 것 또는 하지 말아야 할 것에 대해 다음에 간략히 기술하였다.

- 중간 단계를 건너 뛰어 자료로부터 해석으로 곧바로 가지 마라. 예를 들어, 자료에 몇 가지 특징이 있다고 "상황 인식 결여"라고 단정하지 마라. 여러분이 왜 그런 결론을 내렸는지 추적할 수 있는 사람은 아무도 없다. 사람들은 단순히 여러분이 내린 결론을 취할 수밖에 없다.
- 그러므로, 추적 과정을 밝혀라. 추적 과정은 여러분의 자료와 그에 대한 해석을 명백하게 연결해주는 것이어야 한다. 그러면 다른 사람도 여러분의 결론을 증명할 수 있다. 이 장과 다음 장에서 이것을 할 수 있는 방법 한 가지를 알려주고자 한다.

9.1 맥락으로부터 개념까지

자료로부터 해석으로 가는 추적 과정은 다른 사람에게 여러분이 사건 맥락에 대한 관련 산업분야 고유의 묘사(맥락-특정)에서 출발하여 개념에 의존하는 묘사(개념-의존)로 어떻게 이동하는지를 보여주는 것이다. 이것의 의미는 아래와 같다.

- **맥락-특정**은 여러분이 발견한 자료를 의미한다. 가끔 사실적 정보라고도 불린다. 예를 들면, 이런 저런 신호를 받으면, 이런 저런 스위치를 켠다(신호나 스위치라는 말이 무엇이 되든지 당사자가 해당 산업분야에서 사용하는 말이라는 뜻이다). 맥락-특정은 심리학적 용어를 최소한도로 사용한다는 것이며, 즉, 해석을 하지 않는다는 것

으로, 거창한 꼬리표나 개념을 부여하지 않는 것이다. 여러분이 사건에 대해 기술할 때 가급적이면 중립적 입장을 취해야 하며, 그 산업분야(예를 들면, 항공산업, 의료산업)에서 종사하는 사람들이 그들의 업무를 기술할 때 쓰는 용어만을 고수해야 한다.

· **개념-의존**은 동일한 사건을 다시 돌이켜보는 것이지만, 다른 용어를 사용하는 것이다. 여기에는 인적요인에 대한 용어를 사용하게 된다. 예를 들어, 위에 언급한 사건은 인적요인 용어로 "부주의한 행동"이 적절할 텐데, 왜냐하면 그 산업적 맥락에서 봤을 때 지금까지 부주의한 행동에 대해, 우리가 알고 있는 그런 개념의 행동과 부합하기 때문이다. 10장에서 소개할 것은 다수의 "오류 유형"으로서, 잘못된 인적 행적에 대한 개념-수준의 묘사이다. 이러한 묘사가 여러분이 다룰 특정한 사건 진행 순서의 맥락과 잘 맞아 떨어질 수 있을 것이다.

9.1.1 전개되는 정신상태 재구성을 위한 다섯 단계

자료와 해석 사이의 간격을 좁히는 것은, 맥락과 개념 사이의 간격을 좁히는 것으로, 하나 이상의 단계를 거쳐야 한다. 그리고 다른 사람이 여러분의 해석을 이해하고 여러분의 조사로부터 뭔가 교훈을 얻으려면, 여러분이 거친 각각의 단계에 대해 문서화를 잘 해야 한다. 이에 대한 것은 다음과 같다.

(1) 여러분이 발견한 자료는 특정한 사건 진행 순서 및 이행된 조치에 대한 것일 가능성이 매우 크다. 사건 진행 순서를(맥락-특정 용어로), 구성 원리에 따라 시간(장소)을 사용해서 펼쳐 보인다.

(2) 일련의 사건을 에피소드 별로 나눈다(아직까지는 맥락-특정 용어를 사용한다). 각각의 에피소드는 나중에 별도의 심리학적 현상을 적용하게 되는데, 처음에는 나누는 것이 명확하지 않다면, 다양한 에피소드의 경계를 조절할 수 있다. 인적요인 개념을 이용하여 특정 에피소드들을 함께 묶을 수도 있다.

(3) 여러분이 지금 알고 있는 자료가 각각의 에피소드 진행 시 종사자가 구할 수 있는 것인지 확인하라. 종사자가 구할 수 있던 자료와 관찰할 수 있거나 사용했던 것과 일치하지 않을 수도 있지만, 단지 구할 수 있던 자료 그것 자체로 설명할 수 있는 것은 아무것도 없다는 것을 기억하라.

(4) 종사자의 정신상태가 전개되어가는 것을 재구성하라. 여러분이 원하는 것은 사건 당시 종사자가 행한 판단이나 조치가 왜 그들에게 의미가 있었는지에 대한 것이다(그런 판단이나 조치가 지금 여러분에게 왜 의미가 없는지는 강조하지 마라, 그것은 중요

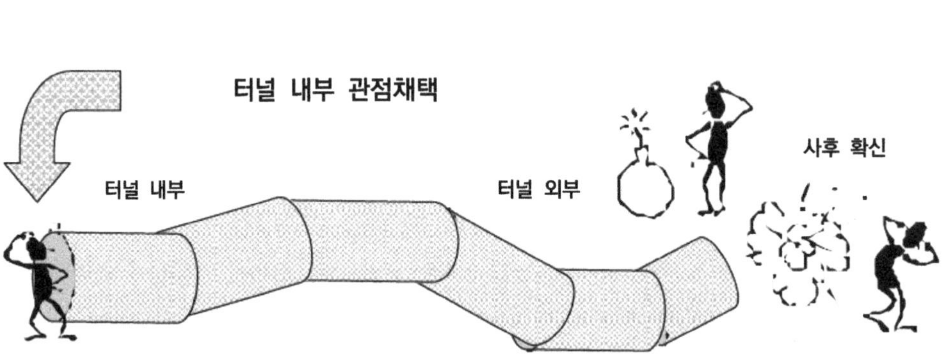

[그림 9.1] 전개되는 세상을 사후확신을 통한 외부자의 관점이 아닌 상황 내부에 있는 종사자의 관점으로 보라.

하지 않다). 여러분이 하는 것은 사건 당시 종사자의 지식, 목표, 관심의 재설정이다. 국부적 합리화 원칙을 이용하라: 종사자는 그들에게 주어진 지식, 목표, 관점, 제한된 자원을 가지고 합리적으로 일을 처리한다. 이 단계에서 일이 제일 많으며, 필요하면 관련 산업분야 여러 전문가의 도움을 받도록 한다.

(5) 재구성한 정신상태를 인적요인 개념과 연결하라. 대상 사건의 인적요인 개념에 대한 이론(또는 모델)이 충분히 정립됐다면 그런 이론을 이용하여 맥락-특정 자료를 개념-의존에 부합하도록 기술할 수 있을 것이다. 가능한 오류 유형은 10장이나 다른 인적요인 관련 문헌을 참고하면 좋을 것이다. 말장난에 넘어가지 마라, 그것은 단지 여러분의 자료를 사후확신에 부합하는 것처럼 보이는 피상적인 개념이다. 여러분 수중에 있는 자료와 개념과의 관계를 명백하게 할 것을 주장하라.

항상, 무엇을 하고자 하는지 기억하라. 종사자의 판단 및 조치를 이해하려면, 사건 당시 현장에 있었던 종사자의 관점을 취하도록 노력해야 한다. 종사자의 결정은 터널 내부에서 그들이 본 것에 기반이 된 것이지, 여러분이 지금 알게 된 것이 아니다.

(1) 사건의 순서 기술

사건의 순서를 기술하기 위해 여러분은 무엇을 사용하겠는가? 종사자가 특별히 관찰하거나 조치한 것, 또는 공정 중에서 변화가 발생한 것을 여러분이 인지한 것처럼 명백하게 사건으로 정의할 수 있는 것들이 기본적인 경로가 되는데 다음과 같은 특성을 보여준다.

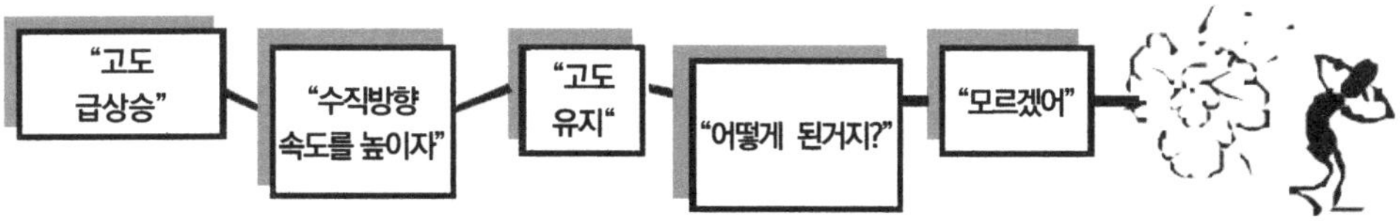

[그림 9.2] 사건 순서 전체를 펼쳐 보이는데, 종사자들이 행한 판단이나 조치 그리고 공정 중에 발생한 변화를 포함한다(여기에 보인 사례는 항공기에서 고도 유지 모드를 자동 모드로 선택한 경우이다).

· 종사자가 상황을 처리하고 방향을 제시한다.
· 상황 전개가 상황 그 자체에 기인할 수도 있다.

이것이 어떻게 보여지는지는 [그림 9.2]에서 볼 수 있는데, 단순화한 것으로, 사건의 가상적인 순서이다. 여러분은 그림에서 보여주는 것과 같이 상자의 형태로 사건을 펼쳐 보일 수 있다. 이렇게 하면 여러분이 분석을 수행할 때 다양한 기회가 주어진다.

· 상자 사이의 간격으로 두 갈림길 사이의 시간을 나타낼 수 있다.
· 상자를 수직적인(위 또는 아래) 관계로 표시하는 방식으로 새로운 분류 기준(예를 들면, 일시적인 회복을 거쳐 어려움에 빠지는 경우)로 이용할 수도 있다.

사건 순서를 기술할 때 시공간을 조합한 펼친그림을 이용하면, 어려움에 봉착하는 과정을 시간뿐만 아니라 굴곡진 지형의 모습으로 보여줄 수 있다(예를 들면, 공항이나 항만으로 진입하는 경로). 게다가, 축척을 조절하고, 종사자들이 행한 판단과 조치를 시공간 축척에 맞게 분리함으로써, 사건 순서를 명확하게 표시할 수 있다.

여러분이 필요한 것은 추후 분석을 위한 여러 사건 간 거리인데(시공간적 측면에서) 예를 들면, 업무 부하를 산정하기 위해(일정 시간 내에 얼마나 많은 일을 처리해야 하나), 또는 그 시점에 종사자 관점에서 관찰할 수 있었던 지형 전개에서 보여진 것이 무언지를 알기 위한 것이다. 시간(그리고 공간)에 따른 상황이 어떻게 전개되었는지에 대해 발표하면 기본적으로 인적요인 분석을 믿을만한 것으로 만들 수 있다.

✓ 여러분이 구한 자료로부터 어떻게 사건을 찾아낼 수 있을까?

조사관 여러분이 다룰 일련의 사건에서 입수할 수 있는 엄청난 사료에 빠져 허우적거리지 않으려면, 다음에 제시하는 분야에 집중하라.

· 사건은, 장소 또는 짧은 시간 구간으로 나타낼 수 있는 것으로, 종사자나 종사자가 처리한 공정들로 인해 사건 진행 방향이나 결과에 결정적으로 영향을 미친 것이다.
· 일련의 사건에서 사건은, 사건 진행 방향에 영향을 미치기 위해 종사자가 뭔가를 행하거나 또는 뭔가를 행했어야 했던(여러분이 사후확신을 통해 알게 된) 것이다.
· 사건은 사건 진행 방향에 영향을 미치기 위해, 종사자 관여 여부와 상관없이, 공정에서 뭔가가 행해지거나 또는 행해졌어야 했던 것이다.
· 원칙적으로, 종사자가 행한 것과 공정에서 행해진 것과는 떼려야 뗄 수 없다. 따라서, 어느 하나로부터 사건을 발견하면 다른 하나에서도 사건을 발견하게 될 것이다.

다음에 전형적 사건의 일부 사례가 있다.

· **결정**은 명백한 사건인데, 특히 공개적이고 외부에 알려진 경우 더 그렇다. 아무 것도 결정하지 않도록 선택한 것도 결정이기 때문에 사건에 해당한다.
· 행위 변경. 종사자가 전에 믿었던 것과 다른 상황을 깨닫게 되는 것이 있을지 모른다. 이것을 종사자가 특이점으로 여겼거나 조치를 이행한 것을 확인할 수 있다. 이런 변경이 이뤄진 곳을 표시해두면, 추후 종사자가 다르게 인식하게 될 때 이용했던 증거를 찾는 데 도움이 될 것이다.
· **공정에 영향을 미칠 조치**는 종사자 개인의 의도에 의한 것일 것이다. 산업분야마다 기록하거나 제공하는 여러 종류의 기록에 따라 다르겠지만, 이러한 조치의 증거는 조치 내용 그 자체에서 찾기는 어려우나, 조치로 인해 뒤따른 공정 변경에서 찾을 수 있다. 후속 단계의 단서로서, 이러한 조치를 통해 그 당시 종사자가 상황을 어떻게 이해했는지 파악할 수 있는 길이 조금은 열린다.
· **공정 변화**. 종사자가 처리한 공정 중에 발생한 중요한 변화는 사건으로 본다. 종사자가 처리한 공정 중에 발생한 변화 모두가 실제로 종사자에 의한 것이 아니다. 사실, 다양한 작업장에서 증가하는 자동화로 인해 자율적 공정 변화가 거의 모든 곳에서 발생할 가능성이 있는데, 예를 들면
  - 자동적으로 정해진 정지 순서 또는 다른 자동화 공정 개입
  - 변수가 설정치를 넘어가 경고신호가 사라짐
  - 지시하지 않은 모드 변경
  - 원하지 않는 상태나 형상으로부터 자율적 복귀

이런 것이 자율적으로 이뤄지긴 하지만, 이런 공정 변경에도 뭔가가 관여되어 있다. 공정 변경은 항상 주변에서 이뤄진 인적 행위 때문인데, 즉. 변화에 앞서 이뤄진 행위와 변화 후에 이뤄진 행위이다. 자율적 변화가 촉발된 형상으로 종사자가 공정을 이끌었을 수도 있다. 그리고 변화가 발생하면, 종사자는 변화를 인지하거나 하지 못하거나, 그리고 변화에 반응하거나 하지 못하거나 한다. 이와 같은 조치는, 혹은 조치를 하지 않는 것은, 종사자의 지식과 그 당시의 이해도에 대한 강력한 단서가 된다.

✓ 비사건인 사건

종사자가 한 결정, 조치 및 판단도 분명하지 않을 수 있다. 예를 들면, 종사자가 내린 결정이, 그 반대를 보여주는 증거 앞에서도, 그의 조치 방식을 변경하지 않고, 그대로 계획을 밀고나가는 경우가 있다. 사후확신을 통해 이 경우를 보면, 잘못 이해한 상황으로부터 벗어날 수 있는 기회가 보이는데도 종사자가 단서를 놓치거나, 혹은 잘못 해석한 경우이다.

상황을 유지하려 한 "결정"과 상황을 수정하려 한 "결정"은 명백히 사건으로 볼 수 있다. 당연히 이들은 사건으로 볼 수 있지만 사후확신을 통해서만 확인된 사건이다. 일련의 사건에 갇힌 종사자에게 상황을 재평가하거나 상황에 반한 결정을 내려야 할 납득할만한 이유는 아무것도 없는데, 만일 그래야 했다면 다른 평가나 결정을 내렸을 것이다. 종사자는 자신이 옳다고 생각했기 때문에 그렇게 한 것이고, 상황에 대한 나름대로의 이해와 주어진 압박을 감안한 것이다. 이것이 어떻게 여러분의 조사 대상인 종사자에겐 사건이 아닐 수 있는지를 여러분이 이해하기는 쉽지 않다. 종사자의 현 상황 유지를 "결정"한 방식이 단지 지속적 행위에 지나지 않았다 해도, 이런 결정은 상황에 대한 종사자의 이해에 의해 더욱 더 확고하게 된 결정이며, 종사자가 집중적으로 찾은 단서로 입증한 결정이고, 이 결정은 향후 상황 전개에 대한 예상과도 일치하는 것이다.

(2) 일련의 사건을 에피소드로 나누기

에피소드가 무엇인가? 이것은 그 산업 분야 관점에서 볼 때 의미가 있는(처음에는) 좀 더 긴 시간 구간이다. 예를 들면, 항공기가 주행로로 진출하기 위해 활주하는 시간(또는 착륙하기 위해 진입하는 시간)은 다음 에피소드를 준비하기 위해 특정한 조치와 판단을 취하기에 필요한 의미 있는 한 조각의 시간이다. 일을 쉽게 하려면, 적어도 4단계까지는 일련의 사건을 에피소드로 나누고, 각각을 별개로 다루길 바란다.

사건 순서의 시작을 확인할 때가 되면, 증거 입수 가능성 유무에 따라 그 문제가 함축적으로 결정되는 경우가 종종 있다.

예를 들면, 조종실 음성 기록의 시작점이 조사를 위한 실제 행동에 착수하는 점이고, 음성 기록의 종결점이 조사를 마치는 점이다. 혹은 어떤 특정 종사자가, 운명적인 여행이나 운전을 착수하기 이전에, 이행하거나 또는 이행하지 않은(테니스 경기하기, 단잠 자기, 일찍 일어나기 등) 72시간 또는 24시간 동안의 통상적 이야기에서 조사를 시작할 수 있다. 물론 이런 식으로 구분하는 것은 임의적이고, 그렇게 하는 이유도 명확하지는 않다.

물론 무엇을 사건의 시발점으로 결정하느냐 하는 것은 원천적으로 어렵다(특히 시발점이 어려운데, 사건 순서의 종결점은 종종 스스로 밝혀진다). 사건의 근본 원인이라는 것이 없으므로(3장에서 언급), 기술적으로 사고의 시발점이라는 것은 없다. 하지만 조사관은 어딘가로부터 시작해야 한다. 어디에서 시작하는지를 명백히 하고 이런 선택을 설명하는 것이 구조적으로 잘 짜인 인적 오류 조사를 향한 첫걸음이다. 무엇을 할 수 있는지에 대해 다음에 설명한다.

- 사고 가까이에 있었던 종사자들이 처음으로 취한 판단, 결정, 조치 또는 여러분이 결정한 일련의 사건 공정에 있던 하나의 사건을 첫 번째 에피소드의 시발점으로 하라. 이러한 판단이나 조치가 거기서부터 전개되는 사건을 촉발시키는 것으로 볼 수 있다.
- 물론 실제 진행된 사고보다 시공간적으로 먼 과거에서도 의미나 배경이 있는 촉발시점을 정할 수도 있다. 하지만, 근접해서 행해진 판단과 조치를 시발점으로 택하는 것은 전적으로 이런 배경을 무시하려는 것이 아니라, 이런 판단과 조치에 대하여 조사를 시작하는 점을 구체적으로 밝히는 것이다.
- 이렇게 하면 여러분이 선택한 시발점에 대한 어떤 논란에도 대응할 수 있을 것이다.

활주로 변경을 수용한 것이 문제를 촉발시켰나? 또는 동시에 공항에 배속된 항공기가 너무 많아, 활주로를 변경할 수밖에 없었던, 항공 교통 관제사의 어려움이 문제를 촉발시켰나?

여러분이 시발점으로 삼은 것보다 앞서 행해졌던 결정이나 조치를 언급하는 사람은 항상 있을 수 있다. 그일 이전에 무슨 일이 있었는지는 여러분이 시발점으로 삼은 결정이나 조치를 분석할 때 필히 고려해야 한다. 시발점을 어떻게 취했든지, 그것을 명백하게 밝혀라. 그곳에서부터 과거의 역사를 되짚어보거나, 주위 환경에 접근할 수 있으며, 결정이나 조치에 대해 설명을 찾을 수 있게 되는데, 여러분에 의해, 일련의 사건이 깨어나는 것이다.

(3) 에피소드마다 어떤 세상이었나 알아보기

3번째 단계는 종사자에게 전개됐던 세상을 있는 그대로 재구성하는 것으로, 그들이 처리했던 공정을 찾고, 입수 가능한 자료가 무엇인지를 확인하는 것이다. 이것은 행위와 상황을 엮는 방향으로, 즉, 관찰된 행위를 그 행위를 발생시키고 행위에 딸린 상황으로 되돌려놓는 방향으로 가기 위한 첫 번째 단계이다.

시간에 따라 변하는 결정적 변수 일부를 펼쳐 보이는 것은 사고 조사에서 흔히 본다. 사고보고서 부록에 자료기록기에서 얻은 판독 정보를 싣는 경우가 많은데, 알려진 해당 공정 변수를 도표로 표시한 것이다. 그런데 요사이 조사는 이런 도표를 싣는 것으로 끝이 난다. 알려진 변수와 종사자가 행한 판단이나 조치를 연결하는 데 참조될 수 있는 것을 몇 개 적어놓긴 하지만, 결코 시스템적이지 않고, 도표로 표시하지도 않는다.

3번째 단계의 요점은 위에서 확인한 사건 모두를 전개되는 공정과 짝을 짓는 것으로, 다시 말하면, 둘을 나란히 놓고, 떼려야 뗄 수 없게, 마치 원인을 찾는 2인무를 보기 시작하는 것이다. 3번째 단계의 요점은 이들을 연결시켜 줄 그림을 그리는 것이다. 이것을 어떻게 할 수 있을까?

- 공정 변수가 시간에 따라 어떻게 변했는지 알아보는데, 인적 영향과 함께 했던 공정의 결과 모두에 대해, 즉, 압력, 분율, 설정치, 수량, 모드, 비율 등의 변화를 추적한다.

· 사고 당사자가 어떤 방식으로 이런 변수 수치를 입수할 수 있었는지 알아보는데, 예를 들면, 다이얼, 제 나름의 방식으로 지시하는 손잡이, 소리, 모드 통보, 경보, 경고 같은 것이다. 이들 변수를 입수할 수 있다는 것은 종사자가 그 변수들을 실제로 관찰할 수 있었다는 것은 아니며, 이 차이에 대해서는 4번째 단계에서 다루게 될 것이다.
· 모든 변수 중 어느 것이 조사 대상 행위를 자극시켰는지, 또는 자극시키지 않았는지를 결정하라. 이들 지시값이나 변수 중 어떤 것이, 시간에 따라 어떻게 변화하여, 일련의 사고 행위에 실제로 중요한 영향을 미쳤나?

공정 변수를 추적하고 기록하는 기기를 세상에서 가장 풍요롭게 부여받은 민항기에 대해 몇 가지 예를 들 수 있다. 만약에 일련의 사건으로부터 실속(失速) 경고가 도출되었다면, 시간에 따른 항속이, 조사에 포함시키기 적절한 변수이다. 만약 도출된 사항이 활주로의 견고한 표면에서 이륙하는 것과 관련이 있다면, 제동기 압력이 관심을 집중해야 할 변수이다. 만약에 도출된 사항이 자동화로 인한 놀람이라면, 자동화 시스템이 작동되면서 바뀐 여러 모드가, 모드 통보와 함께, 필요한 변수가 된다.

여러분이 필요한 변수를 다뤘다고 확신할 때는 언제일가? 종사자의 전개되는 정신상태 재구성 과정을 통과한 후, 종사자의 판단과 조치를 설명하기에 뭔가 부족하게 되는 때가 있다. 그렇다면, 종사자의 이해와 행위에 결정적으로 영향을 미치는데 자극이 된 변수를 찾아야 하는데, 이 변수가 전에는 분명하게 다가오지 않았던 변수이다.

✓ 공정과 행위 연결하기

조사관 여러분이 결과를 향한 여정에서 추적할 공정 변수를 결정했다면, 그 변수로 첫 번째 단계에서 구성한 그림을 장식할 수 있다. 이렇게 확장된 그림은, 인적 판단 및 조치 그리고 공정 중에 발생한 사건 양쪽을 포함하는데, 세상은 어떻게 보였고 종사자가 무엇을 했는지 그 사이의 관계가 나타나기 시작한다. 여러분은 해당 공정 변수를 변수와 연계하여 변하는 인적 판단 및 조치를 도표로 연결할 것이다. 이렇게 되면 하나가 다른 것을 설명하기 시작하는데, 거꾸로도 그렇다. [그림 9.3]에 예를 하나 들었다.

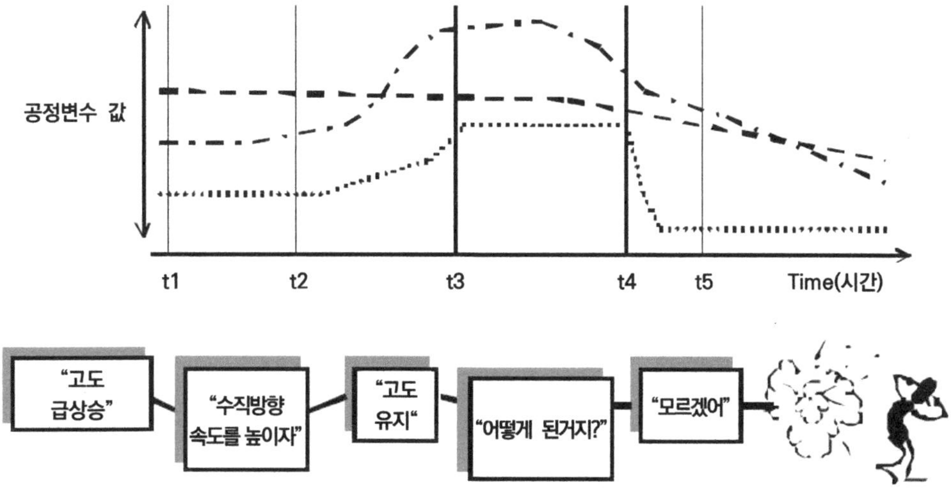

[그림 9.3] 결정적 공정 변수를 일련의 종사자 판단 및 조치 그리고 기타 갈림길과 연결하기

(4) 종사자의 지식과 관심의 초점 그리고 목표 확인

그런데, 입수 가능한 모든 자료를 가지고, 종사자가 실제로 본 것은 무엇이고 그것을 어떻게 해석했을까? 여러분이 가능한 해당 자료를 모두 펼쳐놓았다 해도, 종사자가 실제로 주목한 것은 무엇일까? 종사자는 상황을 어떻게 이해했을까? 에 대한 해답은 다음 세 가지에 들어 있다.

· 종사자에게는 목표가 있나. 그 상황 하에서 종사자가 임무를 수행한 것은, 특정 목표를 달성하기 위한 것이다.
· 종사자는 지식을 보유하고 있다. 종사자는 지식을 이용하여 종사자 주위에서 일어난 일을 해석한다.
· 종사자의 목표와 지식이 함께 관심의 초점을 결정한다. 종사자가 어디를 보느냐 하는 것은 종사자가 아는 것이 무엇이고 달성하려고 하는 것이 무엇이냐에 달렸다.

이 절에서는, 먼저 목표에 대해 살펴보는데, 특히 시스템을 운영할 때는 거의 언제나 상호 작용하는 목표 사이에 갈등이 생길 수박에 없어 종사자가 결정하고 조치하는 방식에 심각하게 영향을 미친다. 그런 다음 종사자의 지시과 관심으로 초점을 옮겨보자.

✓ 목표

종사자가 수행하는 임무 찾기는 어렵지 않다. 종사자 임무는 종종 그들 주위에서 공정이 어떻게 전개되는지와 직접 연결되어 있다. 항로 시스템을 공항 진입에 맞추는 것은, 예로 들면, 종사자의 언행과 행동 그리고 종사자가 처리할 공정에서 일어났던 일 양쪽이 임무와 관련이 있다. 운항 관리 컴퓨터의 운항 계획을 변경하는 것은 또 다른 임무이다. 종사자가 달성하려 했던 임무가 무엇인지 확인하려면, 다음과 같이 질문을 해봐라.

· 지금 이 시점에서 운전을 할 때 규범적이고 정상적인 임무는 무엇일까? 임무는 공정 수행 단계와 시스템적 방식으로 연계가 되어 있다. 이런 관계는 여러분이 찾아내거나 전문 운전자로부터 구할 수 있다.
· 공정을 관리할 때 발생한 일은 무엇일까? 세 번째 단계에서 구한 변수 기록으로부터 시작하여, 시스템이 어떻게 설정 되었고, 또는 어떤 입력이 주어졌는지 알 수 있다. 이런 변화는 종사자가 수행했던 임무와 연계되어 있는 것이 분명하다.
· 그런 운영 환경에서 다른 사람은 무엇을 했나? 공동의 목표를 가지고 함께 임무를 수행하는 사람들은 필요한 업무를 그들 사이에 예측 가능하고 보완적인 방식으로 나누는 경우가 종종 있다. 표준 역할 분담도 있을 수 있는데, 예를 들면, 주업무 담당 조종사와 보조업무 담당 조종사 사이에, 서로의 임무를 규정하는 것이다. 운전자 하나가 수행했던 임무가 다른 운전자의 수행 임무에 대해 단서를 주기도 한다.

조사관 여러분이 보기에 그림이 문자보다 더욱 명확하다면, 시간에 따른 주요 임무를 도표로 표현하고, 필요하면, 누가 무엇을 했는지도 알게 할 수 있다. 이 그림을 통해 여러분은 일련의 사건에 부과된 업무부하에 대한 이해를 잘 할 수 있다. [그림 9.4]의 예를 보자. 종사자가 서둘렀던 일이 명확하게 밝혀지면, 여러분은 종사자가 주목한 것이 무엇이고 왜 그랬는지 이해하기 시작하게 된다.

종사자가 추구했던 광범위한 목표를 확인하기는 어렵다. 항공산업에서, 분명한 목표로 볼 수 있는 것은 “안전 운항”이다. 하지만 이런 목표가 어떻게 구체적인 판단과 조치로 변환될까? 때때로 국부적인 결정이나 조치가 이런 목표에 반하는 것처럼 보인다.

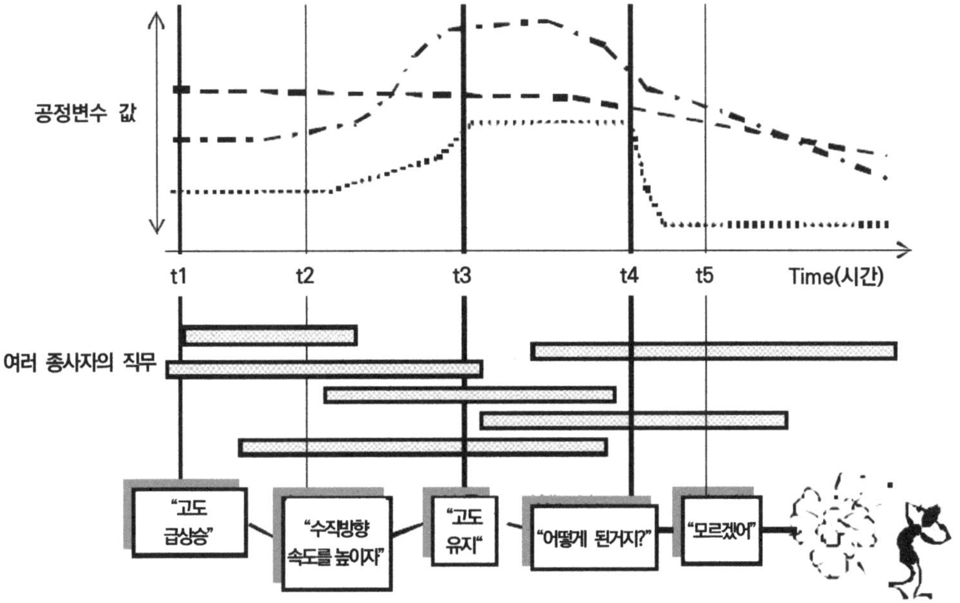

[그림 9.4] 일련의 사건 동안 종사자가 달성하려 했던 다양한(중첩되는) 임무 펼쳐보이기

예를 들면, 조종사는 지금 막 진입에 실패한 공항을 가시권에 두기 위해 모든 일을 할 것이다. 이렇게 되면 온갖 종류의 문제가 야기되는데, 예를 들어, 지형 지물에 접근하거나, 구름 층 변화로 고도를 낮추게 되거나, 다른 비행기와 대립하게 되거나, 방위를 상실하게 되거나, 등이다. 그렇다면 왜 그렇게 할까? 조종사가 운전하는 맥락에서 보면, 그런 조치가 실제로 항공 안전 목표에 가장 가깝게 갈 수 있기 때문일지도 모른다. 공항이 위치한 국가는? 그 공항 주위에 설치된 운항 지원 설비가 얼마나 믿을만한가? 관제사의 자질과 소통 가능성은 어떤가? 주위에 얼마나 많은 비행기가 있나? 조종사가 그 지역에 얼마나 친숙하나? 구름 속 난기류는 얼마나 심한가? 이런 맥락 하에, 항공 안전 목표의 의미는 달리 해석될 수 있다. 상황이 바뀌면 항공 안전을 달성하기 위한 판단이나 조치가 바뀌는데, 이것을 처음 대하면 직관에 반하고 절차에 반한 것처럼 보인다.

✓ 대립되는 목표 추구하기

단지 하나의 목표가 종사자 임무 수행을 지배하는 경우는 드물다. 복잡한 업무 대부분은 다중의 목표가 특징인데, 어느 것 하나도 버릴 수 없고 동시에 추구해야 한다(임무 수행과 안전을 동시에 추구하는 것이 그 예이다). 상황에 따라, 이들 목표의 일부는 다른 목표와 상충되어, 목표끼리 대립하게 된다. 인적 오류 분석에는 항상 잠재적 목표 대립을 염두에 두어야 한다.

한 여성 환자가 복막염으로 인한 심한 합병증으로 입원했다. 며칠 전, 통증이 심해 의사를 만났는데, 통증이 계속 되면 8일 후에 초음파 검사를 받으러 오라는 말과 함께 귀가 조치 됐다. 그런 와중에, 맹장이 터져 복막염으로 큰 수술을 받았다. 그 여성 환자를 진찰했던 의사는 의료기관 관리부서로부터 치료비용을 조정하고 불필요한 절차를 피하라는 압박을 받고 있었는데, 이런 것이 의사의 보수에 영향을 미쳤다.[1] 문제는 의사가 절차를 적용하기 전에는, 또는 일부 절차를 수행하지 않으면, 절차가 불필요하다는 것을 알 수 없다는 것이다. 운영 전 증거는 너무 애매하다. 의사가 귀착하게 되는 것은 풀기 어려운 이중 구속 문제로, 다양한 조직 압박으로 인해 만들어진 것이다.

거의 언제나 "안전"을 조직의 최우선 목표로 내세우지만, 안전이 유일한 목표는 아니며(실제로 측정 가능한 최우선 목표도 아니다), 조직이 존재하는 이유도 아니다. 이들 시스템 종사자는 동시에 다중 목표를 추구해야 하는데, 종종 목표끼리 대립한다. 이리하여, 다음과 같은 이유로 목표의 절충이 이뤄진다.

- 운영 업무 자체 성격에 의해
- 안전의 성격과 여타 안전 위협에 의해
- 조직 위계질서 때문에

마취학은 목표가 본질적으로 대립하는 관심 분야이다. 마취의는 환자를 안전하게 보호하고 추후 의료사고로 고소당하길 원치 않는다. 이 때문에 수술 전 정밀검사 시 가급적 많은 환자 정보를 원한다. 하지만, 병원 측에서는 비용을 절감하고 환자를 많이 순환시키려 하므로, 같은 날에 환자를 입원시키고, 수술하고, 퇴원시켜야 하는 압력이 마취의에게 작용한다. 다른 전문가(외과의의 경우)와의 관계와 업무 행태를 부드럽게

유지해야 하는 것도 압박으로 작용하는데, 다른 전문가의 일정이 마취의의 일정과 서로 맞물려 있기 때문이다.[2)]

이들 시스템과 시스템에서 채용한 기술의 복잡성 때문에 한 종류의 안전이 다른 종류의 안전과 서로 대치될 수도 있다. 다음은 안전의 성격을 다른 맥락에서 본 결과로 목표의 절충이 이뤄진 사례이다.

1989년 발사 직후 우주 왕복선 챌린저호가 분리되어 폭발이 일어난 이유는 고온의 가스가 추진 로켓의 밀봉체를 뚫고 나왔기 때문이다. 이음매 없는 "튜브"로 하지 않고 추진 로켓을 분리하도록 한 결정(이로 인해 밀봉체가 필요하게 되었다) 때문에 사고가 발생했다고 비난을 자주 받았다. 분리된 로켓은 생산비가 저렴하기 때문에, 자금 압박이 심해지는 사업에는 매우 구미가 당기는 것이었다.

비용과 안전 사이의 눈에 띄는 절충은 실제로 더욱 복잡한 곳에 숨어버리는데, 그곳에선 한 종류의 안전을 다른 종류의 안전과 교환하게 되며, 경우에 따라서는 불확실한 증거와 증명되지 않은 기술에 의거하여 이뤄진다. 일례로, 이음매 없는 설계는, 어쩌면 예상된 발사 전 휨 모멘트와 또한 반복되는 바닷물 충격(상승하는 우주 왕복선으로부터 투하된 후 추진 로켓이 겪게 될 충격)을 견딜 수 없을 것이다. 게다가, 로켓을 제작소로부터 발사장으로 운반(아마도 육로로)해야 할 텐데, 이 경우 분리된 형태가 로켓 연료로 채워진 단일 구조보다는 운반할 때 위험이 훨씬 적을 것이다.[3)]

마지막으로, 목표 대립은 사람들이 그 안에서 업무를 수행하는 조직적 또는 사회적 맥락에서 만들어지기도 한다. 안전과 공정의 절충은 자주 언급되는 사례이다. 그런데 목표가 달라 상충하는 여타 요인도 있는데, 예를 들면

- **조직 관리 정책**
- **사고에 대한 이전 반응(이전에 있었던 유사 상황에 조직이 어떻게 반응했나?)**
- **미묘한 압박(상사가 말하진 않았지만, 상사가 원하는 것을 한다.)**
- **법적 책임**
- **규세 시침**
- **경제적 요인(연료 사용량, 고객 만족, 대중 이미지, 등등)**

이런 목표에 운전자도 개인적 또는 직업적 관심을 더하는데(승진, 다른 그룹과의 마찰 회피), 기타의 목표와 타협하게 된다.

여러분이 조사할 때 목표 대립을 어떻게 찾나? 목표 모두가 지침서나, 절차서 그리고 직무 기술서에 쓰여 있진 않다. 아마도 목표 대부분이 기술되지 않았을 것이고, 이것 때문에 특정 판단이나 조치가 사고 발생과 어떤 관련이 있는지 추적하거나 증명하기도 어렵다. 조사 대상인 종사자의 판단이나 조치를 평가하기 위해 여러분이 해야 할 것은

- 당시 행위에 부합하는 목표를 나열하라(이전 장에서 네 번째 단계를 참조).
- 이 목표들이 서로 어떻게 작용하고 대립하는지 확인하라.
- 종사자의 기준 설정에 영향을 미친 요인을 확인하라(즉, 다른 목표보다 이 목표를 추구하는 기준은 무엇이며 어디에 있나, 그리고 왜 거기에 있는지?).

7장에서 언급된 조종사를 보면, 그 조종사는 험난한 폭설 속 비행을 거절하여 해직되었다. 만약 여러분이 조종사 의사결정에 부합하는 목표를 나열하려 한다면, 일정 준수, 승객의 연결편, 불안감 해소, 항공사가 겪을 혼란, 그리고 매우 중요한 항공기와 승객의 안전일 것이다. 조종사가 처한 상황에서 보면, 이들 목표가 서로 대립하는 것은 분명하다. 목표 대립을 해결하기 위해 설정한 기준(운항 포기를 결정한 것)은 결빙으로 인해 최근에 추락한 그 항공사의 동종 항공기에 영향을 받았을 가능성이 크다. 이 조종사 해고가 동일한 절충에 맞닥뜨릴 그의 후임에게 전달하는 의미가 있다. 후임들이 비용 때문에 그리고 주기장 및 비행 일정 작성자로부터의(승객 포함) 비난 때문에 어쩔 수 없이 운항을 결정하게 될지도 모른다. 하지만 운항 결정에 소송이 전해준 추가적인 의미가 있는데, 이런 상황에서는 비행하지 않는 쪽으로 다시 한 번 기준을 살짝 돌려놓는다는 의미이다.

조직으로서는, 특히 고도의 규제를 받는 산업분야에서는, 아무리 자주 일어난다 해도 이런 식의 교묘한 목표 절충은 받아들여지지 않는다. 그러나 목표 대립을 인정하지 않는다고 해서 그것이 사라지진 않는다. 인적 오류 조사에서는 이들 목표와 그로 인해 발생한 대립을 확인하여, 공개하는 것이 무엇보다 중요하다. 그렇지 않으면, 조직에서는 특정 사건의 해결책을 대충 그럴듯하게 만들기 쉬우며, 이렇게 될 경우 실제로는 목표 대립을 더 악화시킨다.

✓ 지식의 보유와 적용

실무자는 업무를 수행할 때 준비를 단단히 한다. 그들은 업무를 수행하기 위해 많은 양의 지식을 보유한다. 하지만, 지식을 적용하거나, 지식을 맥락에 맞게 사용하는 것은 단순한 활동이 아니다. 상황을 다루기 위해 지식을 적용하려면, 3가지 일이 필요하다.

- 실무자는 지식을 보유할 필요가 있다. 조사관 여러분은 사고 현장에서 사용된 지식이 올바른 것인지, 아니면 잘못되거나 불완전한 것인지 자문하라. 어쩌면, 종사자가 중요한 부분을 무시하는 방식으로 교육을 받았을지 모른다.
- 실무자는 주어진 상황에 유용하게 사용하도록 체계화된 지식을 보유할 필요가 있다. 종사자는 복잡한 시스템이나 복잡한 상황을 다루는 방법을 그에 대한 책이나 교범을 통해 습득했을 수 있다. 이러면 운영 환경에 효과적으로 지식을 적용하도록 하는 방식으로 지식이 체계화되었다는 것을 보장할 수 없다.

두뇌에서 지식이 체계화되는 방식은 종사자가 좋은 성과를 내는데 지대한 영향을 미친다. 지식 체계화는 결국 어떤 교육으로 어떻게 내용을 입수했는가에 달려 있다. 특히 의약분야에서 펠토비치[4]가 조사한 것은, 잘못 체계화된 지식으로 인해 개념이 잘못되고 적용도 잘못된 결과에 대한 것이다.

사례 하나는, 학생이 상호 아주 긴밀하게 연결된 공정을 서로가 무관한 것으로 알도록, 동적인 공정을 정적인 것으로 취급하도록, 복합 공정을 단일 공정으로 취급하도록 배웠는데, 그가 그렇게 가르침을 받았기 때문이다. 예를 들어, 심박출량의 변화(혈액류의 비율로, 심장이 1분간에 박출하는 혈액의 단위 분량의 변화)를 혈액양의 변화처럼 보는 경우가 종종 발생한다. 이렇게 배운 학생은, 심박출량의 증가가 혈액양의 증가로 파급되고, 결국 혈압을 증가시키는 것으로 믿게 만드는데, 사실은 혈액류 증가로 정맥혈압은 감소한다.

지식 체계화가 잘못된 다른 하나의 실례는 문제기반 학습에서 볼 수 있다. 이 학습법은 여러 분야에서 유행이지만, 학생이 교육에서 다룬 문제 하나의 사례를 마치 향후 맞닥뜨릴 사례 모두에 적용할 수 있는 것으로 볼지도 모를 위험을 수반한다. 이것은 과도하게 일반화를 한 것으로, 미묘하게 다른 문제를 유사한 문제로 취급하는 것이다.

· 실무자는 또한 해당 지식을 활성화할 필요가 있다, 즉, 지식을 맥락에 부합하도록 해야 한다. 종사자는 종종 문제 해결에 필요한 지식을 보유한 것처럼 보이지만(강의실 상황에서, 교과서 문제를 다룰 때), 동일한 지식이 실제 상황에서 필요할 때 "생각이 떠오르지" 않는 이유는 지식이 불활성 상태에 머물러 있기 때문이다. 만약 배워서 알고 있는 내용이 조각 단위로 말끔하게 분리되고 정적이라면(책이나 대부분은 컴퓨터-기반 교육), 분리된 내용을 생소하며 까다로운 동적 상황에 적용할 필요가 있는데, 이런 경우 활성화되지 않은 지식은 위험하다. 다른 말로 하면, 불활성 지식이 의심스럽다면, 지식이 어떻게 구해지는지와 어떻게 적용되는지(적용돼야 하는지) 둘 사이의 일치하지 않는 것을 찾아봐라.

자동화 시스템을 다뤄야 하는 실무자를 교육하는 것은 어렵다. 하나의 예로, 조종사가, 자동화 항공기 조종을 배운다면 통상적으로 컴퓨터를 동작시키는 것을 배우는데, 컴퓨터가 실제로 어떻게 작동하는가를 배우는 것이 아니다. 조종사는 여러 가지 잘 짜여지고 일상적인 각본에 의한 입-출력 관계를 배우거나, 각본대로 이런 일이 발생할 때 어떤 단추를 누를지를 배우게 된다. 그러나 문제가 드러나는 경우는, 생소하거나 특별히 어려운 상황을 맞닥뜨려 조종사가 친숙한 경로를 벗어날 경우나, 환경 때문에 조종사가 정상적 조치를 취하기가 도저히 불가능한 경우이다. 자동 모드나 형상에 대해 터득되고 입증된 지식이 쓰이는 경우는 드물다. 그렇기 때문에 현실에서 지식을 적용해야 할 상황이 되면 조종사는 어찌 할 바를 모르게 되는데, 왜냐하면 그런 지식은 원칙적으로 머리에 있고, 활성화되지 않은 상태로 남아 있기 때문이다.

✓ 행동 방향을 결정하는 주의력

종사자가 알고 있는 것과 성취하려 한 것이 연대하여 어디를 볼지 결정하며, 어디에 주의력을 집중할지 결정한다. 다시 한 번, 이것이 국부적 합리성 원칙이라는 것을 인식하라. 종사자가 인지적 처리를 무한정 할 수는 없다(우주 전체에서 인지적 처리를 무한정 할 수 있는 것은 존재하지 않는다). 종사자가 언제나 모든 것을 알고 볼 수 있지 않다. 그래서 그들의 합리성에는 제한이 있다. 종사자가 무엇을 하고, 어디에 집중하고, 단서를 어떻게 해석하는지는, 그들의 지식, 그들의 목표, 한정된 자원(예를 들면, 시간 처리 용량)을 바탕으로 한 그들 관점에서 의미가 있다. 종사자의 국부적 합리성을 재구축하면 구할 수 있는 자료(3단계에서 여러분이 발견한)와 종사자가 실제로 보고 사용한 것과의 차이를 이해하는데 도움이 될 것이다.

그렇다면 주의력은 어떻게 할당될까? 종사자는 입수된 단서를 기반으로 상황 전개에 대한 이해를 새롭게 한다. 이러한 이해를 통해 결국은 종사자가 이 길로 갈지 아니면 다른 길로 갈지 행동하도록(또는 행동하지 않도록) 방향을 결정하게 되는데, 이렇게 되면 상황이 바뀌며(예측한 대로 되거나 되지 않거나에 따라), 결국은 진행되는 상황에 대한 종사자의 이해도가 갱신된다. [그림 9.5]에서 보여주는 것은 이러한 인지 주기이다.

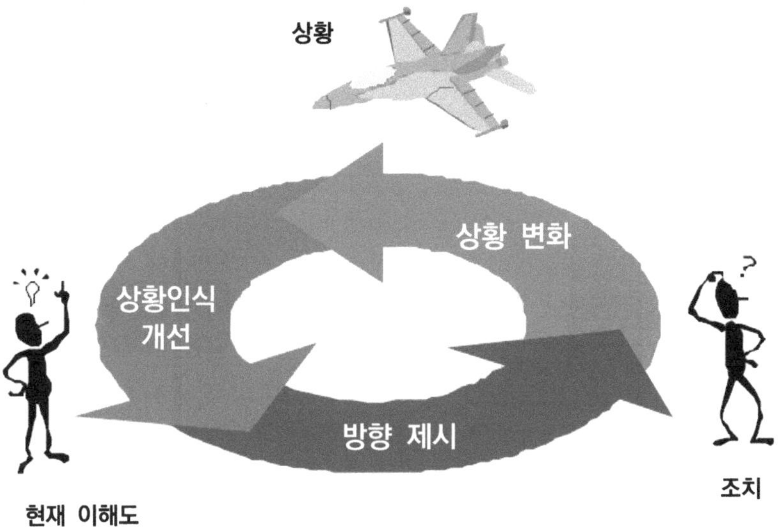

[그림 9.5] 우리는 세상에 대한 평가를 하고, 현재 이해하고 있는 것을 갱신한다. 이것으로 세상에서 어떤 조치를 취할지에 대한 방향을 제시하며, 이것으로 세상의 모습이 바뀌는데, 이것은 결국 우리의 이해를 갱신하고, 등등(그림은 울리히 넬서의 지각 주기를 모델로 했다).

인지 주기가 조사관 여러분에게 도움이 되는 것은

- 종사자가 상황 전개를 어떻게 이해했나를 재구성한다, 즉, 그들이 본 것은 무엇이며, 입수한 자료에 어떤 의미를 부여했으며, 예상한 것은 무엇인가 하는 것이다. 자문해 봐야 할 것은 이런 것들이다. 종사자가 다른 것보다 특정 단서에 집중하게 한 것이 무엇일까? 여러분은 실제 상황과 전혀 맞지 않다고 보지만 종사자가 집착하게 만든 증거는 무엇일까? 그 상황에서 이렇게 집중하는 것을 합리적으로 만든 것이 무엇일까?
- 종사자가 취한 조치를 자세히 살펴보자. 조치를 통해 그 상황에서 종사자가 그 당시 이해하고 있는 것을 알 수 있다. 종사자가 찾으려고 한 것이나 영향을 주려고 한 것이 무엇일까? 종사자가 의도한 것은 무엇일까?

동적 상황에서, 종사자가 주의력을 기울이는 쪽은 다음 두 가지가 합쳐진 결과이다.

- 현재 종사자가 상황을 어떻게 이해하고 있느냐 하는 것은, 결국 부분적으로는 종사자의 지식과 목표에 의해 결정된다. 현재 이해하고 있는 것으로 다음에 어떤 일이 일어날지 예측한다(종사자 자신이 취한 조치의 결과로 또는 세상이 변화한 결과로).
- 특별히 징후가 특출하거나 거슬리는 일이 생기면, 종사자가 그 당시 이해하지 못해도 관심을 끌게 된다.

동적 세상을 살아가려면, 그곳에선 상황이 전개되고 바뀌기 때문에, 운영 업무 수행에 많은 노력을 기울여야 한다. 종사자는, 삽시간에 바뀐 상황에 적응하기 위해, 일상적인 일에 대한 해석 능력을 새롭게 하고, 세상에서 발생하는 변화가 아무리 사소하더라도 모두를 추적하도록 해야 한다. 그렇지 않으면 종사자는 하나의 해석에 갇혀버리는데, 상황이 바뀌었다는 증거가 종사자 주위에 있어도 그렇다. 이런 유형의 사고는, 떠돌이 대 정착자 같은 건데, 다음 장에서 좀 더 자세하게 살필 것이다.

(5) 개념적 기술 단계로 나아가기

마지막 단계는 첫 번째 단계에서 조사관 여러분이 만든 것과 병행하도록 인적 행적에 대한 장부를 만드는 것이다. 이번에는, 그러나, 동일한 일련의 사건을 기술하는 용어가 그 산업분야의 용어가 아니라, 인적요인 개념을 담은 용어이다. 다섯 번째 단계에 다다르면, 여러분은 이미 한 가지 방안이 떠오를 텐데, 그것이 과학 용어가 아니더라도, 종사자 마음엔 어떤 일이 진행됐는지 그리고 종사자가 스스로 찾아낸 상황 속에서 이 일이 어떤 역할을 했는지에 대한 것이다. 종사자가 길을 잃은 것처럼 보였나? 그가 단지 뭘 잃었나? 그가 혼란스러웠나? 그가 주의를 기울인 것이 아무런 문제가 아닌 것으로 밝혀졌나? 다섯 번째 단계에서는 이런 질문에 대한 유용한 답변을 공식적으로 제공하려 하는데, 이전 단계에서 얻은 것 모두를 지금까지 인적요인 분야에서 개발된 개념에 담을 것이다.

여러 조사에서는 자료를 맥락-특정에서 개념-의존으로 일방통행으로만 기록 처리하며, 종종 거창하고 확인이 불가능한 하나의 단계로 처리한다. 예를 들면, 조종사가 진행 방향에 대해 물은 질문을 "상황 인식 결여"에 대한 증거로 본다. 그러나 무슨 일이 있었는지에 대한 인적요인 장부에 믿을만하고, 확인이 가능하도록 자료를 기록 처리하려면 양방향으로 해야 한다. 인적 행적에 대한 여러분의 개념적 장부에는, 여러분이 얻은 결론을 되돌려 맥락-특정과 연결시켜야 한다. 그것은 여러분이 분석한 바에 따른 하나의 예시로서, 예를 들면, 여러분이 귀착하게 된 개념에 대한 것이다. 일례로, "상황 인식 오류"라는 개념에 대한 기준을 만족시키기 위해서는, 종사자가 여러분이 입수한 맥락-특정 자료에서 방향에 대한 질문이 필요했는지를 밝혀야 한다. 만약 여러분이 밝히지 못한다면,

- 개념이 옳지 않다든지(즉, 여러분의 맥락-특정 자료와 아주 정확하게 일치하지 않거나, 단순한 대중 모델일 것이다, 4장 참조)
- 또는, 여러분의 자료가 개념에 부합하지 않아서 어쩌면 다른 개념과 맞춰봐야 할 것이다.

[그림 9.6]에서는 전개되는 정신 상태를 재구성하는데 포함된 단계를 보여준다. 일련의 사건에 대한 맥락-특정 묘사로 출발하여, 여러분 분석을 따라가면서 작업하는데, 에피소드를 확인하고, 종사자 주위 환경 전개를 재구성하며 종사자의 국부적 합리성에 의해 당사자가 주목했고 추구했던 것을 찾는다. 거기로부터 일련의 사건에 대한 개념적 장부 단계로 가는데, 여러분의 맥락-특정 장부에 있는 자료 또는 자료 모음에 대한 묘사를 특정한 주장과 연결시켜야 한다.

가능한 한 가장 짧은 개념-의존 묘사를 조사 말미에 요약(또는, 정말 필요하다면 "원인"에 대한 발표문)으로 써도 훌륭하다. 예를 들면, 이 장에서 설명용으로 쓴다면, "가능한 원인 발표문"은 다음과 같을 것이다.

항공 교통 관제사로부터 받은 특이한 요청에 부응하기 위해, 승무원이 자주 사용하지 않는 자동조종 모드를 선택했다. 실제 상황에서의 모드 사용 미숙과 조종실로의 모드 상태 전달 미흡이 결합하였다. 이로 인해 인지하지 못한 일련의 모드 변경이 발생하였고, 항공기가 이상한 반응을 보였으나 승무원이 나중에 정상 상태로 복귀시켰다.

조사관에게 완벽한 요약은 없으며, 원인으로 발표되는 요약도 필요 시 선택적으로 그리고 한정적으로만 사용해야 한다. 인적 행적을 개념-의존 설명 수준으로 재구성하는 것은 잠정적이라는 것을, 그리고 그것은 여러분이 수행한 조사에 의한 것이라는 점을 인식하라. 후속 조사에서 밝혀진 증거로 여러분이 이끌어낸 결론이 미심쩍게 되어 새롭거나 수정된 설명을 도출해야 할지 모른다. 그렇다고, 하던 일을 지체하지 마라. 이 일 전체의 근본적인 목표를 명심해야 하는데, 전개되는 정신상태를 재구성하는 목표는, 종사자가 행한 조치와 판단이 사고 당시 종사자에게 의미가 있었던 이유를 찾아내는 것이다.

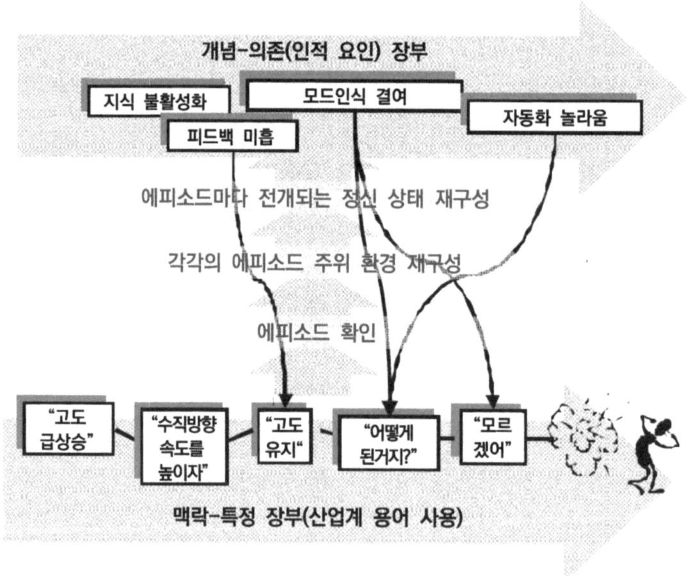

[그림 9.6] 자료로부터 해석까지의 간격 줄이기: 어떤 일이 있었는지에 대한 맥락-특정 설명과 개념-의존 설명 사이의 여러 단계를 따라가면서 문서화해야 하는데, 맥락-특정 기록에 있는 특정 증거에서 찾아낸 개념 연결을 나중에 해야 한다.

각각의 사건 주위에 차례대로, 공정이 어떻게 보였는지 재구성했다. [그림 9.7]에 보여진 것을 재구성했는데, 여러분이 발견한 여러 자료로 터널을 채웠으며, 종사자가 터널 내부에서 본 세상을 재구성했다. 여러분은 종사자가 수행한 임무를 되찾았고, 그들의 목표를 되찾았다. 이들 모두로 여러분은 종사자가 한 일에 대한 이유를 더 잘 이해하게 됐을 것이다.

마지막 단계는, 개별 조사에서 반드시 해야 하는 것이 아닐지라도, 조사관 여러분이 다룬 일련의 사건이 보다 자주 언급되는 광범위한 문제에 부합하는지를 알아보는 것이다. 사건 순서를 개념-의존으로 더 많이 기술하는 것이 중요한 목표가 된다. 여러분은 상세한 맥락-특정 기술에서 벗어나야 하는데, 왜냐하면, 이런 기술은 사용한 용어가 국한되어 있어 맥락-특정으로 기술한 다른 일련의 사건과의 공통점을 발견하기 어렵기 때문이다. 사고로부터 교훈을 얻을 수 있는 중요한 방법은 이질적으로 보이는 사건 사이에 유사성을 발견하는 것이다. 일련의 사건 사이의 차이만을 강조하게 되면, 하나의 사건에 국한되지 않는 가치 있는 교훈을 얻기는 어렵다.

그러나 유사성을 알기 위해서는, 유사한 용어로 일련의 사건을 기술해야 한다. 그래서 개념-의존 수준의 기술이 필요한 이유이다. 상이한 사건에 대한 설명 사이의 유사성으로 여러분은 조사에서 문제를 발생시킨 공통 조건을 알 수 있다.

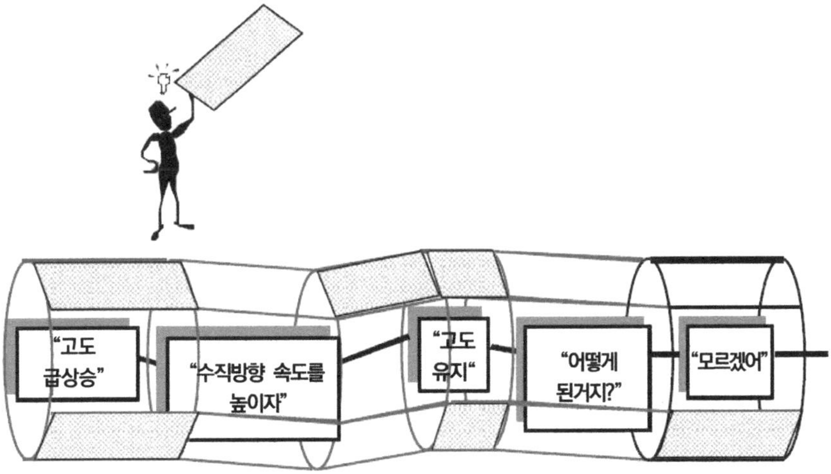

[그림 9.7] 내부에서 본대로 터널을 재구축 하려는 것은, 종사자가 행한 판단 및 조치와 공정 중 발생한 여타 변화를 둘러싸고 있었던 상황을 재구성하는 것이다.

각주

1) International Herald Tribune, 13 June 2000.
2) 참고: Woods, D. D., Johanssen, L. J., Cook, R. I., & Sarter, N. B. (1994). Behind human error: Cognitive systems, computers and hindsight. Dayton, OH: CSERIAC, page 63.
3) Vaughan, D. (1996). The Challenger launch decision. Chicago. IL: University of Chicago Press.
4) Feltovich, P. J., Spiro, R. J., & Coulson, R. L. (1993). Learning, teaching, and testing for complex conceptual understanding. In N. Fredericksen. R. Mislevy, & I. Bejar (Eds). Test theory for a new generation of tests. Hillsdale, NJ: Lawrence Erlbaum Associates.

10. 사고의 유형

인적 오류에 대한 새로운 관점은 인적 오류를 사고의 원인으로 생각하지 않는다는 것이다. 새로운 관점에서 인적 오류는, 시스템 내부 깊숙이 도사린 문제의 결과요 증상이다. 새로운 관점에서 인적 오류의 발견은, 사고 조사의 착수점이며, 종착점이 아니다. 새로운 관점에서는 사건을 보다 심층적으로 파헤쳐, 다층 분석을 통해 사건에 대한 기술을 맥락-특정 언어에서 개념-의존 언어로 전환하고, 결국에는 사건의 순서를 넘나드는 통합 과정을 거쳐 사고의 유형을 찾아낸다.

이 장은 이러한 사고 유형 일부에 대한 것이다. 이에 해당하는 사고 유형은 유능한 사람이 정직한 실수를 범하는 방식에 대한 것인데, 이런 경우 종사자의 조치와 판단이 잘못될 수 있으며, 세상이 동적으로 변하기 때문에 그 안에서 일하는 종사자가 허를 찔리기도 한다. 이 장에서 여러분은 다음과 같은 사고 유형을 섭렵하게 될 것이다.

- 신기술과 자동화로 인한 놀라움: 신기술의 도움으로 사람들은 일을 더 잘 수행할 수 있을 것으로 생각한다. 하지만 종종 반대의 경우가 발생한다.
- 정신상태 구축의 오류: 종사자가 그렇다고 믿는 상황과 실제 상황 또는 전개된 상황이 점점 벌어진다.
- 계획 고수: 종사자는 단서를 보고서도 기존 계획을 고수하는데, 사후확신으로 봤을 때 계획 변경이 필수적이었다.
- 사고로의 표류: 사고의 진행은 단순하지 않은데, 사고 발생 이전에 알지 못한 사이에 안전 여유도가 떨어져나가는 일이 흔하다.
- 방어수단 침투: 시스템이 안전 저지선을 넘어 붕괴되는 것은 많은 것이 잘못 되었기 때문이라는 이론이 있다. 이런 이론을 기준으로 만들어진 모델을 활용하면 침투된 방어수단을 찾아낼 수 있다.
- 절차를 상황에 적응하는데 실패한 것 대비 실패한 절차 적응: 왜 사람들이 절차를 준수하지 않을까? 절차 준수에도 융통성이 필요한데, 맥락도 따져야 하고, 인지 작업이 실질적으로 필요하다.
- 스트레스와 업무 부하: 이것이 복잡하고 동적으로 운영되는 세상에서 매우 중요하지만 이에 대한 이해가 잘못 되어 있다. 이 장에서는 이런 현상을 다룰 간단한 방법과 이런 현상을 확인할 수 있는 방법을 제시한다.
- 인간 대 인간 조정 결렬: 사람이 여럿이면 일을 되게 하기 위해 조정이 필요한데, 조정이 결렬되는 방식은 무엇인지 알아보려 한다.

마지막으로, 이 장에서는 여러분이 조사하는 조직 운영의 역사를 소개할 것이다. 역사는 훌륭한 지침인데, 여러분이 몰랐던 과거의 유사 상황을 알려주기 때문이다. 이 장에서는 총연습과 대비적인 사례를 인식하는 방법으로 마무리를 짓는데, 이 둘을 통해 조사 대상인 일련의 사건을 보다 잘 이해하게 될 것이다.

10.1 신기술과 자동화로 인한 놀라움

안전을 최우선으로 하는 산업분야에서는 거의 예외 없이 인간의 업무에 기술이 관여되어 있다. 이것은 오류 발생의 출처로 인간-기술 상호작용이 더욱 중요해진다는 것을 의미한다. 기술의 관여로 종사자가 오류를 범하는 방식에 양상이 달라졌다. 기술이 종사자가 범한 오류를 감지하거나 극복할 기회에 영향을 미치다보니 경우에 따라서는 시스템 붕괴가 급속히 진행된다.

조직의 오류 발생과 마찬가지로, 인간-기술 상호 작용에 의한 오류도 무작위로 발생하지 않는다. 이들 오류도 역시 종사자 임무 수행에 사용되는 도구와 그들이 수행하는 임무의 특성과 시스템적으로 연결되어 있다. 이런 오류를 확인하려면, 우선 조사관 여러분은 일부 전형적인 "오류"를 찾고. 다음에는 오류를 발생시키는데 관여한 기술적 특성의 목록을 찾은 다음 오류 발생 뒤에 감춰진 신기술로 인한 일부 인지적 결과의 목록을 찾아야 한다.[1)]

기술에 대한 것이 중요하기 때문에 좀 더 살펴보려 한다. 이 절에서는 특히 자동화로 인한 놀라움을 주목하려 하는데, 왜냐하면 다수의 자동화 관련사고 근저에 도사린 공통적인 오류 유형이 이로 인해 형성되었기 때문이다. 또한 신기술로 인해 작업장에서의 업무 조정과 운영 압박이 어떻게 영향을 받았는지도 살펴볼 것이다.

10.1.1 기술의 역할에 대한 새로운 관점

인적 오류에 대한 새로운 관점에서는 기술의 역할이 어떻게 보일까? 신기술로 인해 인적 오류 가능성이 사라지지는 않고 변했다. 신기술로 인해 시스템과 시스템 운영자는 새로운 능력을 얻었지만, 불가피하게 새로운 복잡성도 얻었다.

· 신기술로 인해 운전에 대한 요구사항이 증가했는데, 시스템 운영을 더 빠르게, 더 강하게, 더 오래, 더 정확하고 세밀하게 하기 위한 것이다. 처음에는 사고로부터 더 많

이 보호하기 위한 것이었지만(예를 들면, 활주로 진입을 보다 정확하게 하기 위한 전방 시현 장치), 신기술로 인해 시스템을 여유도 한계에 더욱 가깝게 운영함으로써, 확보했던 안전상의 이득을 잃게 된다.

- 신기술에 적응하기 어려운 경우도 자주 발생하는데, 종사자가 업무를 수행하고 있거나 수행했던 방식에서, 또는 종사자가 업무를 수행해야 하는 실제 환경에서, 또는 기존에 적용되고 있는 여타 기술에서 그런 경우가 발생한다.
- 실무자가 신기술을 어쩔 수 없이 현장의 실용적인 방법에 맞추거나 실무에 맞추는 경우가 가끔 있다.
- 신기술로 인해 시스템이 파멸의 길로 빠져들 수 있다.
- 신기술로 인해 종사자는 지식과 기량이 더 많이 필요하고 새로운 사실을 기억해야 한다.
- 신기술로 인해 전에 없던 취약성이 증가한다. 이로 인해 시스템 파멸로 가는 새롭고 전례 없는 문이 열릴 수 있다.

인적 오류에 대한 새로운 관점이 유지하고자 하는 것은

- 유일하게 인간만이 기술로 인해 그의 업무에 도입된 단편적 업무를 한데 모을 수 있고, 또한 그 기술이 실무에 제대로 적용되게 할 수 있기 때문이다.
- 시스템 사고의 중심에서 인적 오류를 발견하는 것은 전혀 놀라운 일이 아닌 것이, 왜냐하면 인간이 제일선에서 시스템을 작동하도록 만드는 중심에 있기 때문이다.

10.1.2 신기술로 인한 전형적 오류

- **모드 오류.** 사용자는 컴퓨터가 특정 모드에 있다고 생각하고, 그 모드에 맞는 작업을 수행했는데, 실제로 컴퓨터는 다른 모드에 있었다.
- 화면의 복잡한 구조로 인해 **길을 잃는다.** 컴퓨터는 보통 화면이 하나 혹은 둘이지만, 화면에서 수도 없이 많은 것을 볼 수 있다. 그렇기 때문에 원하는 페이지나 자료를 찾는데 어려움이 있다.
- 공동 작업 시 **컴퓨터 입력 조정**을 하지 않는다. 하나의(자동화) 공정에 대해 여러 사람이 함께 작업을 할 경우, 컴퓨터에 입력을 할 때는 서로에게 얘기를 하고 상대방의 작업을 이중으로 점검하여 공동의 작업 기반을 유지하도록 해야 한다. 환경에 의한 압박이나 의미 없는 작업을 상시 반복하다 보면, 이와 같은 조정이 지속되지 않을 수도 있다.

- **업무 과부하.** 업무 부하 감소를 기대하고 컴퓨터를 도입한다. 그러나 이미 처리해야 할 일이 쌓여 있을 때에도 컴퓨터 작업을 위해서만 시간을 할애해야 할 상황이 종종 발생하는데, 그 때는 운전자가 다른 업무나 사람에게도 관심을 기울여야 하는 경우이다. 여러분은 종사자가 서둘러 처리해야 할 다른 일이 있음에도 불구하고 컴퓨터 입력에 몹시 바쁜 것을 볼 수 있을 것이다.
- **자료 과부하.** 종사자는 컴퓨터가 토해낸 엄청나게 많은 자료를 분류해야 하지만, 그가 처한 상황의 실체를 밝혀줄 자료를 찾을 수 없다. 컴퓨터가 쏟아내는 온갖 종류의 자동 경보(시청각 자료)로 인해 작업장은 어수선해지고 집중하기가 어렵게 된다.
- **변화를 고지하지 않는다.** 컴퓨터로 인해 시각적인 자료를 얻을 기회는 엄청나게 많아졌지만, 화면에서 제공하는 자료가 측정된 값 그 자체를 숫자로(비율, 양, 모드, 분율 등의 표시)만 보여주는 경우가 많다. 이런 경우 오르락내리락 하는 숫자 하나로부터 공정에 내재하는 변화, 경향, 사건, 활동을 감지하는 것은 매우 어렵다. 그렇게 하려면, 그것을 자주 또는 계속해서 관찰하여, 진행 상황을 산정하거나 유추해야 한다.
- 종국에는 **자동화**로 인해 놀라운 일이 종종 발생한다. 시스템에서는 사용자가 예상치 못한 일이 발생하기도 한다. 특히, 신속한 처리를 요하고, 업무량이 과다하게 요구되는 작업에서는, 사용자의 직접 명령 없이 이뤄지는 모드 변경이나 컴퓨터가 스스로 수행하는 작업은 확인하기 어렵기 때문에, 자동화로 인해 발생한 일이나 발생하지 않은 일로 인해 종사자는 놀라게 된다.

10.1.3 컴퓨터의 특성

오늘날의 기술이 갖고 있는 특성 중 위에서 언급된 것과 같은 오류에 시스템적으로 관여하는 것은 무엇일까?

- 컴퓨터로 인해 모든 것은 "보이지 않게" 되어 중요한 변화와 사건 혹은 시스템의 비정상 상황이 숨어버린다. 중요한 공정 변수를 숫자로 표시함으로써 이런 "보이지 않음"이 만들어진다. 시스템의 **실태**(실제로 시스템이 하는 일, 또는 시스템이 지향하는 곳) 대신에 시스템의 **상태**만을 보여주는 관례가 또 다른 하나의 이유이다. 시스템의 실태와 상태 사이의 연계 관계는 단순하게 보일 수도 있고 흥미롭게 보일 수도 있겠지만, 연계 관계에는 수많은 복잡성이 숨겨져 있다.
- 컴퓨터에는 소수의 접속기만 연결되기 때문에("열쇠구멍 문제"라고 부른다), 종사자가 병렬 작업에 실제로 필요한 자료를 찾거나 종합하기 위해서는 화면의 여러 페이지를

파헤쳐 볼 수밖에 없다. 수많은 화면으로도 이 문제가 해결 되지는 않는데, 왜냐하면 화면에서 길을 찾는 것이 문제가 되기 때문이다. 차라리, 매 페이지마다 길찾기 도우미를 실어야 할 것이다(여기까지의 경로는? 돌아갈 방법은? 관련 페이지는 무엇이며 그곳에 갈 수 있는 방법은?). 그렇지 않다면, 들어가고 나가는 순서가 제멋대로이기 때문에, 종사자는 길을 잃게 된다.

· 컴퓨터로 인해 종사자는 접속기를 관리해야 하는데(그 페이지로 가는 방법은? 그것을 이 모드로 전환하는 방법은?), 그것은 안전에 결정적인 공정을 관리해야 하는(담당자를 도와주도록 도입된 컴퓨터가 해야 하는 일) 일을 제쳐놓고 할 수밖에 없게 된다. 이와 같은 별도의 접속기 관리는 종종 업무 부하가 높은 기간에 부담으로 작용한다.

· 사용자가 명령하지 않아도 컴퓨터가 자율적으로 또는 여타의 방법으로 모드가 변한다(이러한 모드 변경을 일어나게 하는 원인의 예는, 사전에 프로그램된 논리, 아주 오래전의 입력, 다른 사람이나 시스템 다른 부분의 입력 등이다).

· 컴퓨터가 입력을 확인하기 위해 종사자에게 묻는 전형적 질문은 초보 수준의 컴퓨터 언어인데(X로 가길 원하는 것이 맞나? 그러면 X로 갈 것이다), 그러한 요청에 대한 의미나, 주어진 상황에서 어떤 의미가 있는지에 대한 언급은 없다. 그리고 일단 종사자가 컴퓨터에게 진행하라고 하면, 컴퓨터가 그 일을 중지하게 하긴 어렵다. 이런 것 때문에 종사자가 컴퓨터 자체 오류를 찾고 오류로부터 회복하기 어렵게 된다.

· 컴퓨터가 똑똑하긴 하지만, 그렇게 영리하지는 않다. 컴퓨터와 자동화로 인해 안전에 결정적인 공정이 거의 대부분 자율적으로 처리되어 종사자는 많은 도움을 받지만, 대개의 경우 컴퓨터는 주위에서 변화하는 상황을 거의 모른다. 통상적으로 컴퓨터는 정적인 세상에 맞춰, 적절하지 않더라도 사전에 프로그램된 경로를 따라가기 마련이기 때문에, 주어진 상황에 맞지 않더라도 사용자 명령을 의무적으로 수행함으로써, 귀찮게 하는 것이라는 것을 모른 체 종사자가 수행하는 조치를 방해할 수 있다.

10.1.4 컴퓨터화의 인지적 순서

위에서 언급된 컴퓨터 기술의 특성으로 인해 종사자가 평가하고, 생각하고, 결정하고, 조치하고, 조정하는 방식의 틀이 만들어졌는데, 이것이 결국은 종사자가 “오류”를 범하는 이유가 되었다.

· 컴퓨터로 인해 종사자가 기억해야 할 것이 많아졌다(이 모드가 무엇이었더라? 그 페이지로 가는 방법은?).
· 컴퓨터로 인해 종사자가 그의 공정을 관리하기 위해 필요한 기량이나 지식을 늘려야 한다(프로그램 하는 방법, 감시하는 방법 등). 교육으로는 이런 새로운 기량이나 지식 요구가 충족되지 않는데, 왜냐하면, 공식적 교육으로 얻은 지식 대부분은, 운전자가 지식을 적용하기 위해 지식을 불러내는 복잡한 상황에 맞닥뜨렸을 때, 활성화되지 않은 채로 남아 있기 마련이기 때문이다(머리에, 실제로 쓸 수 없는 상태로).
· 컴퓨터로 인해 상황 인식이 까다롭게 됨으로써(컴퓨터는 시스템의 실태 대신에 숫자나 글자 부호를 보여준다), 종사자의 주의력 관리가(언제 어디를 볼지 아는) 소홀해진다.
· 컴퓨터로 인해 자료 표현이 새로워져, 종사자가 통상적으로 행하던 효율적이고 확고한 판독 양식이 허물어졌다.
· 컴퓨터로 인해 변화나 사건을 보는데 제한이 있고, 경보나 지시 장치로 어수선해지며, 별도의 접속기 관리 업무와 새로운 기억력 부담이 발생하여, 매우 급박하게 운전 조치를 취해야 하는 상황에서 운전자가 미처 따라가지 못할 수 있다.
· 컴퓨터로 인해 기계적 결함이 거의 없을 정도로 시스템 신뢰도가 높아진다(낡은 기술과 비교하여). 이렇게 되면 종사자가 시스템의 비정상 상황을 관리하기 위한 기량을 닦고 유지할 기회가 거의 없게 되는데, 그래도 결국 시스템 변칙을 관리해야 하는 것은 종사자의 몫으로 남는다.
· 컴퓨터로 인해 종사자가 시스템과 하부 공정이 어떻게 작동하는지에 대한 정확한 정신 모델을 확보하기 어렵게 되는데, 왜냐하면 컴퓨터를 통해 안전에 절대적인 공정을 처리하다보면 피상적이고 제한된 경험만을 하게 되기 때문이다.
· 컴퓨터로 인해 종사자는 실제보다 시스템을 더 많이 알고 있다는 착각에 빠지는데, 정확한 이유는 시스템 전체의 기능을 본 적이 없기 때문이다(교육이나 실무 어느 쪽에서도). 이것을 지식 교정 문제라고 부른다.
· 컴퓨터로 인해 종사자가 임무 달성을 위해 어쩔 수 없이 전략(프로그램 "요령")을 구사하게 된다. 이런 요령이 통상적 환경에서는 잘 먹히지만, 이로 인해 새로운 취약성에 노출되고 시스템 붕괴로 가는 길이 열리게 된다.

10.1.5 신기술과 운영 압박

신기술과 운영 압박은 서로 관련이 있을까? 그렇다가 답이다. 신기술의 도입으로 조직이 종사자에게 부과하는 운영 요건과 기대가 증가할 수 있다. 신기술에 투자한 조직은 종종 모르는 사이에 향상된 부분을 갉아먹게 되는데, 운영 담당자가 일을 더하게 하거나, 더 빨리 하게 하거나, 더 복잡한 방식으로 하게 하거나, 자원을 덜 써서 하게 하거나, 덜 좋은 환경에서 하게 하는 것을 요구하기 때문이다.

래리 헐숀의 시스템 개발 법칙에 의하면, 모든 시스템은 항상 그것이 가진 능력 하에서 움직인다는 것이다. 신기술이란 명목으로 어떤 식으로든지 향상을 보이면, 운전자는 운전 가능 영역 가장자리의 위험한 상황으로 내몰리게 되는데, 이 때 운전자를 보호하는 완충 작용을 하는 것이 기술 혁신이라는 것이다.

걸프전 '사막의 폭풍' 작전에서, 작전 수행에 사용된 장비 대부분은 운영자의 짐과 피로를 덜어주고 전투 임무 수행을 단순화하기 위해 고안된 것이다. 하지만, 이들 첨단 장비로 운영자가 할 일은 늘어났고, 거의 예외 없이, 장비를 조작하는 군인을 홀가분하게 해줘야 한다는 목표를 기술이 만족시키지 못했으며, 무기와 지원 시스템을 운영하기 위해 고도의 전문성과 헌신과 인내가 필요하였다. 걸프 전쟁을 통해 전략 및 기술 그리고 인적요인 사이에는 본질적으로 상승효과가 있지만 이를 극대화하기 위해서는 효과적인 지휘가 필수적이라는 것을 확인했다.[2)]

10.1.6 자동화로 인한 놀라움

자동화로 인해 놀라는 일이 발생하는 경우는, 종사자가 생각하기에, 자동화 시스템에 어떤 일을 수행하도록 했는데, 실제로는 다른 일이 벌어졌을 경우이다. 예를 들면, 항공기가 활주로에 접근하도록 비행경로 각도를 입력했는데, 실제로는 자동화 시스템이 수직 속도 모드에 있었기 때문에, 비행 각도가 아닌 더욱 빠른 속도로 하강하라고 입력이 해석됐다.

자동화로 인해 원치 않은 일이 일어나게 되는 이유는

- 당사자가 지시할 때 예상하거나 가정한 것과 다른 모드에 있었기 때문이다.
- 지시를 받은 후 다른 모드로 진환되었기 때문이다.
- 다른 사람에 의해 이전 지시가 무시되었기 때문이다.

자동화로 인해 놀라게 되는 때는 주로 다음과 같은 상황이 발생하는 경우이다.

· 자동화 시스템이 저절로 작동한 경우로, 즉, 저절로 작동하기 직전에 사용자의 입력이 없을 경우이다. 이런 경우 입력이 다른 사람에 의한 것이든지, 아니면 오래전에 사용자에 의한 것일 수도 있으며, 또는 시스템 작동이 사전에 프로그램된 시스템 논리에 의한 것일 수도 있다.
· 사용자가 차이를 발견할 수 있는 자동화 시스템 작동에 대한 피드백이 거의 없을 경우이다. 피드백은 대체적으로 상태를 기반으로 하기 때문에, 사용자에게 알려주는 것은 모호한 축약어로서, 시스템 상태("나는 지금 V/S"에 있다)를 알려주지만, 실제로 어떤 일을 하고 있는지 또는 어떤 일을 할 것인지에 대해서는 알려주지 않는다. 따라서 비록 이런 시스템이 항시 가동하고 있더라도, 사용자에게 작동상황을 알려주지는 않고, 상태 만 알려준다.
· 종사자 주위에서 전개되는 상황으로 조성된 사건-지향 환경 하에서 자동화로 인한 놀라움이 더해지면 종사자는 급히 서둘러 생각하고, 결정하고, 조치하게 된다. 종사자가 이전에 경험한 적이 없는 생소한 상황이라면 자동화로 인한 놀라움을 겪게 될 가능성이 있다.
· 자동화로 인한 놀라움을 겪고 난 후 시스템 작동에 개입하기가 난감하게 된다. 시스템이 "먹통"이 될 뿐만 아니라(시스템 작동에 대해 전혀 감을 잡을 수 없다), 자동화 시스템을 어떻게 해야 할지 모르게 되어, 사용자가 원하는 쪽으로 입력하거나 방향을 틀기가 분명하지 않다. 종사자는 공정을 처리하기보다는, 자동화 연결기와 씨름하는데 주의력을 집중하게 된다.

종사자는 자기가 의도한 대로 자동화 시스템이 작동하지 않는 것을 알게 되면 대체적으로 어려운 상황에 빠진다. 종사자가 입수 가능한 지시 장치나 지시값으로부터 불일치 사항을 포착해낼 수 있는 증거가 거의 없는데, 다시 한 번 말하지만, 이런 자료는 상황-지향적이고 미미하기 때문이다. 종사자가 처음으로 이상하고 예상치 못한 상태의 공정을 알아챘을 때 자동화 시스템의 이상 상태를 발견할 수도 있지만, 이때는 자동화로 인한 놀라움이 실제로 발생했을 때로서, 꽤 시간이 경과했을 수도 있는데, 어떤 경우에는 34시간이 걸린 경우도 있다(다음 절 참조). 그런데, 다양한 환경에서는, 특히 항공 산업, 결정적 치료 약품, 다양한 형태의 공정제어 산업에서, 종사자가 이상 상태를 발견할 수 있는 시간이 많지 않다. 이런 시간 안에 벌써 심각한 결과가 발생하게 된다.

10.1.7 자동화와 업무 조정

자동화로 인한 문제점을 총정리해보면, 종사자가 시스템에서 '배제'되는 경우를 종종 보게 된다는 것이다. "조종사가 해야 할 일이 시스템 감시인데, 무사안일에 빠지거나, 상황 인식이 결여되거나, 시스템 고장을 제 때 파악해서 처리할 준비가 되어 있지 않은 것이" 문제로 제기된다.

하지만, 이런 사실에 대한 증거가 미약하거나, 이것이 시스템 사고를 유발했다는 증거는 전혀 없다. 첫째, 자동화 시스템의 "고장"으로 한순간에 먹통이 되는 것은 아니다. 사실 제작사들은 사고 후에도 그들의 자동화 시스템이 설계된 대로 잘 작동했다는 것을 지속적으로 주장한다. 시스템에서 배제되는 문제는, 오히려 오랜 시간 동안 감시만 하다가 "시스템이 고장날 때" 종사자가 효과적으로 개입하기 어렵다는 것을 뜻하며, 문제 발생 시 뒤에 숨는다는 것이 아니다. 사실, 그 반대가 진실로 드러난다.

베인브릿지는 1987년 자동화의 역설에 대해 글을 썼다. 그녀의 관찰에 의하면, 자동화로 인해 업무의 쉬운 부분이 떨어져 나가고, 어려운 부분은 더욱 어렵게 됐다는 것이다. 인간이 자동화 시스템에 대한 감시 업무를 맡게 됐지만, 거의 발생하지 않는 사건을 감시하는 업무는 인간에게는 고역이다. 실제로, 자동화 시스템의 고장은 흔하지 않으며, 시스템에서 종사자가 해야 할 일이 바로 사고에 대처하는 것이지만, 자동화로 인해 종사자가 사고 시나리오에 대처할 능력이 부족하게 된다. 인간의 수행 업무가 수동적 감시 업무에 국한됨으로써, 인간은 탈숙련화, 무사안일, 탄력성 퇴화, 무능력으로 환경 붕괴에 성공적으로 개입하지 못하기 때문에 안전에 크나 큰 위험 요소가 될 것이라고 했다.

이런 문제가 있는 것은 분명하지만, 지난 20년간에 걸쳐 자동화 항공기에서 발생한 사고에서 보면 종사자가 사고에 앞서 취한 행위는 그렇지 않았다. 오히려, 조종사는 감독자나 관리자로서의 역할을 적극적으로 수행하여, 항공기 운항을 위해 한 팀으로 이뤄진 인간과 자동화 시스템의 업무를 조정하였다. 하지만, 조종실에서 컴퓨터와 다른 동료 조종사의 업무를 조정하는 조종사의 역할은, 핵심적이고 강한(혹은 강력하고 독자적인) 자동화 시스템으로 인해 제대로 수행되기 어렵다. 왜냐하면, 인간은 개별적으로 자동화 시스템에 접근이 가능하고(각각의 조종사에게는 각자의 운항 관리 시스템 제어/지시 장치가 있다), 또한 다른 승무원과의 업무 조정으로 대화가 많이 이뤄져야 할 바쁜 시간에 자동화 시스템과의 조정 업무가 필요하기 때문이다.

그러나 소성을 힘들게 만드는 바로 그 특성으로 인해 조정이 필요하다. 이 점이 역설적이다. 어떤 임무가 자동화 시스템에 주어졌는지에 대한 이해를 같이 하기 위해 조정에 시간을 투자해야 한다(하지만 어려운 것이 조종사 누구라도 별도의 임무를 부여할 수 있으며 자동화 시스템은 알리지도 않고 부여된 임무를 수행한다). 더욱 바쁘고, 업무 강도도 더 강한 단위 운전 업무에서도 업무 분배를 위해 조정이 필요하지만, 업무 분배가 잘 이뤄지지 않는 이유는 자동화 시스템에 지시를 내리기가 어렵고 자동화 시스템으로 인해 조종사의 주의력이 운항보다는 접속기 관리에 더 집중되기 때문이다.

사고가 발생하기 전에 실무자는 관리자로서 적극적으로 임무를 수행하는데, 예를 들면, 타이핑을 하고, 검색하고, 프로그래밍을 하고, 계획을 짜고, 답변을 보내고, 대화를 나누고, 질문한다. 그리고 실무자가 의도하는 것과 수행해야 할 조치를, 다른 동료 및 항공기 자동화 시스템과 조정을 하는 것은, 성공과 안전을 추구하기 위해서 하는 것과 다를 것이 하나도 없다. 그러나 사고 발생 이면에 지속적으로 작용하는 것처럼 보이는 것은, 인간과 승무원의 일원으로서 역할을 수행하는 자동화 시스템 사이의 업무 조정의 결렬이다. 인간과 기계 사이의 팀플레이 와해는 일련의 소통 부재와 판단 오류로 이어지고, 실수와 태만을 연달아 범하게 된다. 이것으로 인해 정신상태에 착오가 생겨, 종사자는 자동화 시스템에게 이런 일을 지시했다고 생각하는데, 실제로는 다른 일을 수행함으로써, 종사자가 전혀 의도하지도 않은 곳이나 위험 지역으로 내몰리기도 한다.

10.2 정신상태 형성 착오

1995년 6월 10일, 여객선 로얄 머제스티호가 버뮤다의 세인트 죠지스를 출발했다. 승객과 승무원 1,509명을 싣고 보스턴을 향했는데, 거리는 1,073킬로미터로 그 중 800킬로미터 이상은 공해상이었다. 기술 혁신으로 인해 신형 선박에는 선진 자동화 시스템이 장착되었다. 출항 직후, 항해사는 선박의 자동항법 장치를 항해모드로 설정했다. 이 모드에서는, 선박을 예정 항로에서 미리 설정된 거리 이내로 유지하기 위해, 바닷물, 바람, 조류로 인해 항로에서 벗어나는 것은 자동항법 장치에 의해 자동적으로 수정된다. 출항 후 얼마 지나지 않아, 로얄 머제스티호가 세인트 죠지스의 항만 수로 안내인과 헤어질 때, 항해사가 GPS(인공위성 기반) 표시 자료와 Loran(지표/라디오 기반) 위치 추적 시스템 자료를 비교하였다. 항해사는 두 장치가 지시하는 위치가 1.6킬로미터 이내인 것을 확인했는데, 이런 차이는 해운업계에서 인정하는 정도이다. 거기서부터 로얄 머제스티호는, 자동 레이다 위치 기입 지원 장치가 알려주는 대로, 미리 설정된 항로(336도)를 따랐다. 항해사는 GPS로부터 얻은 위치 자료를 해도에 시간 별로 기입했다. Loran은 보조 시스템으로만 사용했는데, 앞서 확인했을 때, GPS 위치에서 동남쪽으로 1.6킬로미터 정도 떨어져 있었다.

출항 후 34시간 지났을 즈음에, 로얄 머제스티호는 낸터킷 섬 근처를 지나고 있었다. 해안으로부터의 거리는 27킬로미터 정도였다. 사고 후 조사에서 밝혀진 바에 의하면, GPS 수신기로부터 안테나까지 연결하는 선이 느슨해져서 GPS 장치(자동항법 장치 항로 입력의 유일한 출처)는 출항 후 30분 정도 추측항법 모드의 기본 모드로 작동하고 있었다. GPS 신호를 받지 못해 기본적인 추측항법 모드에 있다는 증거는 뚜렷하지 않다. 한 두 번의 짧은 경적과 승선원이 통상적으로 임무를 수행하는 곳에 있는 조그만 LCD 표시 장치에 나타나는 모드 통보가 전부이다. 추측항법 모드에서는 항로 이탈에 대한 수정이 이뤄지지 않는다. 북동풍이 불어와 로얄 머제스티호는 더욱 더 서쪽으로 항로를 벗어나게 되었다.

통상적으로 종사자가 주위 상황에 대한 단서를 얻었을 경우, 자동화 시스템이 실제로 하고 있는 일이 아니라, 자동화 시스템에게 하라고 한 일을 근거로 해석한다. 종사자는 사실에 의거하여 행동하는 것이 아니라, 사실이라고 여기는 것에 의거하여 행동한다. 항해사가 항해모드로 설정하고 배가 보스턴으로 향해 가도록 프로그램 하였기 때문에, 주위에서 얻게 되는 단서를 보고도 배가 제대로 작동하고 있다고 해석했다. 불일치에 관한 증거는 종사자가 정신상태 형성 착오를 깨부술 수 있을 정도로 강력해야 한다. 종사자가 예상하기에 불일치는 없었는데(시스템이 지금까지 믿을 만 했다), 피드백(자그만 모드 통보)이 있더라도 상황 내부에서 봤을 때 그리 강력하지 못했다.

이런 형태의 상황에 흔히 붙이는 심리학적 꼬리표는, "상황 인식 결여"인데, 문제가 있다. 전통적인 생각은, 주위 세상으로부터의 정보를 처리하여 그것을 근거로 진행 상황에 대한 그림을 그린다는 것이다. 이러한 정보 처리에는 완전한 상황 인식을 하게 되기까지 전형적으로 여러 단계를 거친다(예를 들면, 상황 속 요소를 지각하고, 요소가 갖고 있는 의미를 처리하여 향후에 미칠 영향을 이해한다).

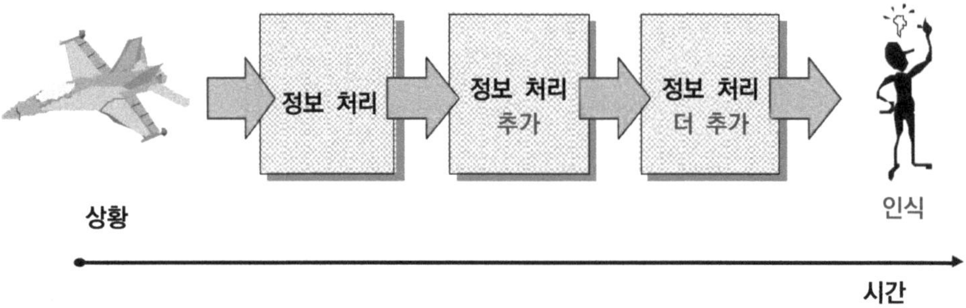

[그림 10.1] 상황 인식에 대한 전통적 개념: 세상으로부터의 정보를 처리하여 상황을 인식하거나 상황에 대한 묘사를 머리속으로 그리게 된다.

"상황 인식 결여"는 정보 처리가 어떤 식으로든지 방해를 받을 때 발생하는데, 예를 들면 스트레스나 업무 부하가 과중한 경우이다([그림 10.2] 참조). 이 개념이 갖고 있는 심각한 문제는 다음과 같다.

· 이 개념에 의하면, 종사자는 세상에서 주어지는 것이 무엇이든지 받아들이는 수동적 수용자로서, 두뇌에서 처리가 가능한 한 모두를 받아들이는 것으로 묘사된다.
· 이 모델에 의하면, 종사자는 세상을 이해하기 위해 또는 세상을 변화시키기 위해 적극적으로 개입하지 않는다고 했지만, 실제로는 적극적으로 개입한다. 예를 들면, 종사자는 세상을 돌아다니면서, 세상이 좀 더 드러나도록 일을 변화시키거나 방향을 바꾸고, 세상이 천천히 돌아가도록 영향을 주고, 다른 곳이 아닌 어떤 특정 장소를 살펴볼 것을 결정한다.
· 종사자는 상황 내부에서의 요소를 인지하지 못한다. 단지, 정신 내부의 정보 고속도로를 따라가다가 점차적으로 의미를 더하는 요소를 이해하기 시작할 뿐이다. 만약 종사자가 개별 "요소"를 인지한다면, 세상에서 쏟아져 들어오는 정보를 감당할 수 없다. 실제로, 종사자가 인지하는 것은 패턴이나 구조로서, 단지 그것을 보고 종사자는 세상을 이해한다. 종사자는 경험에 의존하여, 어떤 일이 벌어지는지, 어디로 일이 진행돼 가는지를 알려주는 핵심 패턴을 인식한다.

마지막으로, 육체적으로 의식을 잃은 상태가 아니라면 "인식 결여"를 할 수 없다. 정신적 진공 상태는 있을 수 없다. 우리는 항상 우리가 어디에 있는지에 대해, 시스템과 공정에서 무엇이 진행되는 지에 대해, 생각하는 무언가가 있다. 우리는 우리가 이미 알고 있거나 일어나길 바라는 것에 의거하여, 입수한 단서에 의미를 부여하지 않을 수 없다.

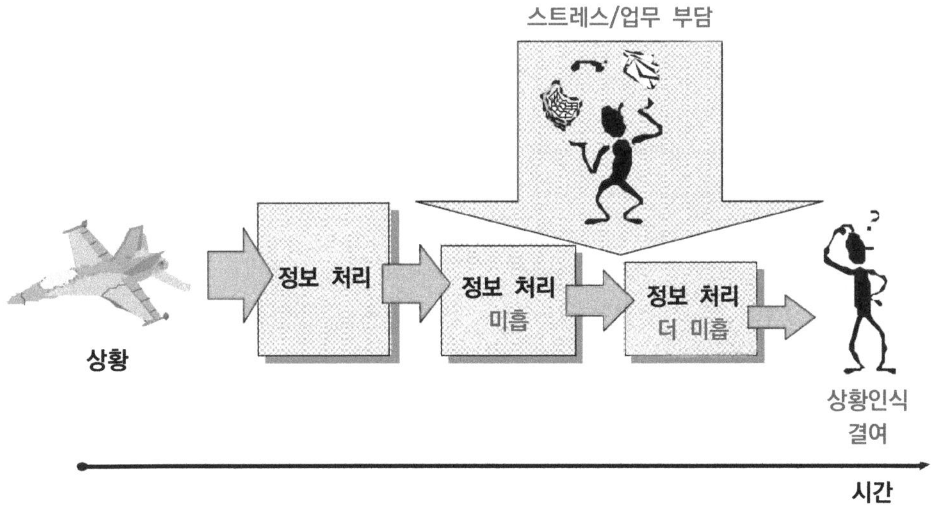

[그림 10.2] 전통적 개념으로 상황 인식 결여는 정보 처리에 부담이나 어려움이 있을 때 발생한다고 알려졌다.

만약 당신에게 상황 인식이 결여됐다면, 무엇으로 그것을 대체할 것인가? **정신적 진공 상태라는 것은 없다.**

사실, "지금 무슨 일이 벌어지고 있지?"라는 질문 뒤에는 다음과 같은 생각이 있는데, 종사자는 무슨 일이 벌어질 것인지를 예상하고 있었다는 것이다. 우리가 살아가면서 끊임없이 지속하는 것은, 우리 주위에서 변화하는 세상에 대한 생각을 구축하고 수정하며, 그 생각에 의거하여 상황에 영향을 미치고, 새로운 정보를 받아들여 이해한 것을 다시 갱신하는 것이다. 사후확신을 통해 조사관 여러분이 종사자가 처한 상황이 어떠해야 한다고, 종사자가 이해하는 것과 여러분이 지금 알고 있는 실제 상황과의 불일치를 적발했을 때, 결여된 것은 아무것도 없다는 것을 깨달아라. 왜냐하면, 여러분이 조사하고 있는 종사자의 상황 인식은 절대로 결여되지 않았기 때문이다. 여러분이 지금 알고 있는 것을 다른 시공간에 있던 종사자가 어떻게 모를 수 있느냐고 지적하지 마라(그것을 종사자의 "상황 인식 결여"라고 부르면서), 왜냐하면 그것으로 설명할 수 있는 것은 아무것도 없기 때문이다.

10.3 계획 고수

계획 고수는 원래 세웠던 조치 계획을 고수하는 경향으로, 사후확신을 통해 봤을 때, 계획 변경을 뒷받침하는 단서가 주어져도 그렇게 한다. 계획 고수의 경우, 종사자의 상황 이해는 실제로 밝혀지는 상황으로부터 점점 멀어진다. 이런 일은 거의 언제나 다음과 같은 이유 때문인데

- 앞서 계획이 안전하다는 것을 계속해서 뒷받침해준 단서가 강력하고 분명했기 때문이고
- 상황이 변한다는 것을 귀띔해주는 후속 단서는 아주 미미하고, 처리하기 곤란하고, 모호하거나 상반되기 때문이다.

계획 고수는 매우 전형적인 패턴으로, 종사자가 동적 세상과의 통상적인 상호작용의 결과로 나타나는 것인데, 동적 세상에서는 진행 상황, 상호작용, 품질 변화 같은 것, 설득력이 있는 것, 이해하기 쉬운 것이 상시 나타난다.

계획 고수가 전형적인 패턴인 이유는, 종사자는 동적 세상에서 모든 사소한 변화(또는 가능한 변화의 징후)에 따라 판단하고 조치를 하든지, 아니면 상황 전개를 더 잘 관리하고 감독하기 위해 새로 입수된 정보를 가둬둘 틀을 새로 만들고 지금까지의 해석을 확고하게 밀고나가는 것을 택해야 하기 때문이다. 두 방법 모두 판단 오류가 있는데, 한 편으로, 종사자가 시간이 부족하여 세상의 변화를 따라가지 못하는 경우가 생기고, 다른 한 편으로는, 종사자가 고착되어, (사후확신을 통해 볼 때) 그렇게 했어야 하는 단서를 보고도 판단을 바꾸지 못하게 된다.

전에는, 고착 또는 계획 고수를 종종 “확증편향(자신의 신념과 일치하는 정보는 받아들이고 신념과 일치하지 않는 정보는 무시하는 경향)”이라고 했다. 그러나 이것은 이런 상황에서의 인간 행적을 이해하기엔 별로 도움이 되지 않는 심리학적 꼬리표이다. 첫째, 확증편향에 의하면 종사자 주위에서 진행되는 상황에 대해 종사자가 가정한 것을 확인하기 위해 종사자는 오로지 적극적으로 정보 찾기에 매진해야 한다. 복잡하고 동적인 세상에서 종사자가 찾아야만 하거나 또는 특별히 적극적으로 찾아야 할 자료는 거의 없다. 대신에, 종사자는 그가 지금 이해하는 상황에 의거하여 입수되는 단서를 해석한다(인식 주기 참조). 둘째, 확증편향에 의하면, 종사자는 진행 상황에 대해 다른 가정을 대안으로 가지고 있지 않다. 이것은 옳지 않다. 대부분의 경우 종사자는 항상 다른 가정이나 선택을 대안으로 준비하고 있다(착륙할 수 있을까? 악천후로 착륙할 수 없다면, 어떻게 할까?)

10.4 사고로의 표류

사고를 다루다보면, 종사자의 행위에 결함이 있고, 의욕이 없고, 운전자의 위치에서 조사관 여러분의 기대를 충족시키지 못한다고 보기 쉽다. "무사안일" 그리고 "태만"은 이런데 자주 사용되는 말이다. 시간이 갈수록, 여러분이 생각하기에 종사자가 임무를 신중하게 수행하지 않는 것처럼 보일 텐데, 예를 들면, 열차나 항공기 운행 시 신문을 보기 시작하거나, 절단 수술 전에 이중으로 점검을 하지 않은 경우를 보았을 때가 그럴 것이다.

10.4.1 관례가 된 관례로부터의 일탈

[그림 10.3]에서 보여주는 것은, 실제로 어떤 일이 벌어지는지에 대해 그리고 무사안일 또는 태만이 개인적 판단에 따른 결과일 뿐만 아니라 불완전한 꼬리표에 지나지 않은 이유에 대한 것이다. 순간적으로 일정 규범이나 관례를 벗어나는 것이 발생하는 이유는 종사자가 달리 어찌할 수 없기 때문이다. 그런데 이것은 관례로부터의 일탈로 처음은 아니다. 관례로부터의 일탈이 관례가 되는 데는, 점검표를 피상적으로 확인하거나, 시간 단축을 위해 가로질러 가거나, 모든 공식 기준을 만족하지 않고 장비나 사람에 대해 승인해주는 것을 포함한다.

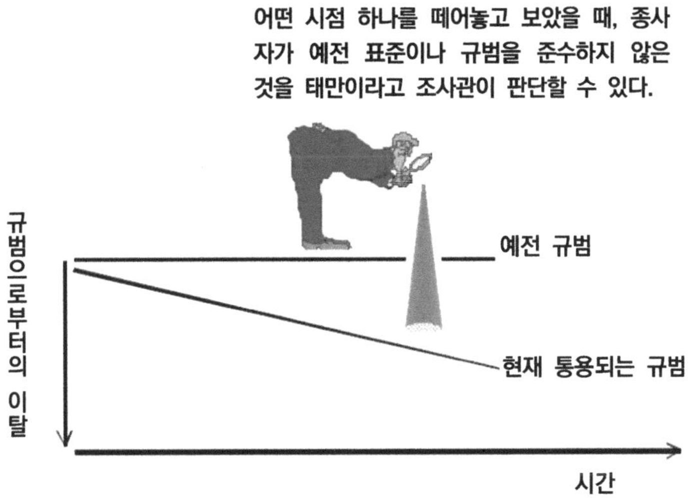

[그림 10.3] 어떤 특정 시점에서, 어떤 표준을 만족시키지 못하는 행위는 무사안일이나 태만으로 보이기도 한다. 그러나 이렇게 벗어난 행위가 운영이나 조직 전체에 통용되던 새로운 규범이 되었을 수도 있다.

만약 조사관 여러분이 “무사안일”이라는 의심이 든다면, 무엇을 해야 할까?

· 때때로 종사자의 행위가 규범을 준수하는 것이라고 이해해야 하는데, 규범 준수는 오랜 시간 동안 진행된 것으로, 일탈이 아니다. 종사자는 상황 내부 시각에서 합리적으로 한 것이며, 다른 사람들도 동일하게 일상적 업무를 수행한다.
· 관례로부터의 일탈이 관례가 된 배경에 어떤 조직 역사나 압박이 있는지 발견해야 하는데, 이렇게 위험한 행위를 허용하는 새로운 규범이 만들어지도록 한 다른 목표가 무엇인지에 대한 것이다.
· 관례로부터의 일탈로 얻어지는 보상이 즉각적이고 눈에 보이는 것이라는 것을 이해하라. 즉, 고객을 만족시키고, 상사를 만족시키고, 이익도 창출하는 등과 같은 보상이다. 잠재적 위험은(이런 목표를 달성하기 위해 종사자가 안전성을 얼마나 감소시켰는지?) 확실하지 않고, 크기를 잴 수도 없고, 알 수도 없다.
· 부정적인 결과가 지속적으로 나타나지 않았다면, 그의 행위가 안전할 뿐만 아니라 다른 중요한 조직 목표도 달성했다는 종사자의 믿음이 확인될 수도 있다는 것을 깨달아라.

10.4.2 안전성 차용하기

눈에 보이는 보상이 변함없이 이뤄지는 한, 관례로부터의 일탈은 운영 전반 또는 조직 전체를 통해 관례가 될 것이다.

규범으로부터의 일탈 그 자체가 규범이 될 수 있다

모르는 사이에, 생산, 경제성, 고객 서비스, 정치적 만족과 같은 다른 목표를 달성하기 위해 안전성을 축소한다. 시간이 지남에 따라 종사자의 행위가 변화되는 이유는, 분명하지는 않지만, 이들 목표의 중요성에 대해 시스템의 다른 부분에서 신호를 보내기 때문이다. 실제로 조직에서는 나날이 이뤄지는 절충을 대상으로 운전자에게 상도 주고 벌도 주는데(“일정을 준수했습니다!”), 절충의 초점은 안전보다는 다른 목표에 맞춰져 있다. 매번 이행한 절충의 결과가 나쁘지 않다면, 안전보다는 다른 목표 쪽으로 향하게 되고, 그리고 안전성을 차용해도 안전하다는 종사자의 무언의 믿음은 굳어진다.

"챌린저 발사 결정"이라는 글에서 다이안 보간은 조직 전체가 어떻게 안전성을 차용했는지 조심스럽게 기술하였는데, 그녀에 의하면, 견고한 추진 로켓 차폐체에 열손상의 징후가 있는 데도 불구하고, 성공적인 우주 왕복선 발사가 이어지면서 안전성 축소가 심해졌다는 것이다. 차폐체 "누출"에 대한 증거를 매번 중요하게 다뤘지만, 알려진 기준에 대한 평가를 거쳐, "수용 가능"으로 결정했다. 보간은 이 반복적인 과정을 "일탈의 정규화"라고 불렀는데, 즉, 이전에는 일탈이었던 것이 지금은 새로운 규범이 됐다는 뜻이다. 이런 결정이 안전하다고 여겼지만, 궁극에는, 차폐체가 둘이었으며, 시스템은 다중적이었다. 그리고 만약 과거의 발사에 문제가 없었다면(성공을 가장 잘 확신시켜주는 것), 향후에도 안전은 보장될 것이라고 믿었다. 우주왕복선 챌린저호는, 1986년 1월 추운 날씨에 발사됐으며, 차폐체 누출로 인해 발사 직후 분해되고 폭발하여, NASA가 안전성을 얼마나 많이 축소했는지를 보여주었다.[3)]

복잡하고 동적인 세상에서 안전성이 일정하지 않다는 것이 문제이다. 관례에서 벗어나서 이뤄진 과거의 성공이 미래의 안전을 보장하지 못한다. 다른 말로 하면, 오늘의 안전한 결과가 내일의 안전한 결과를 보장하지 못한다는 것인데, 행위가 동일함에도 불구하고 그렇다. 환경이 바뀌고, 환경에 수반되는 안전에 대한 위협도 바뀐다. 오늘 한 것을 그대로 한다고 해서(잘못 될 수 있었지만 그렇게 되지는 않았다), 내일도 잘 된다고 볼 수 없다. 안전 위협이 동적으로 변하는 그림은 다음과 같다.

머피의 법칙은 틀렸다. **잘못 될 수 있는 것도 통상적으로 좋은 결과를 보여줘,** **우리가 잘못된 결론에 도달하게 한다.**

물론, 잘못된 결론에 도달하지 않으려면, 머피의 법칙이 맞아야 하는데, 결국에는 그렇게 된다. 잘못 될 수 있는 것은 언젠가는 반드시 잘못 되는데, 그렇지 않다면 안전에 대한 위협이라는 것도 있을 수 없기 때문이다.

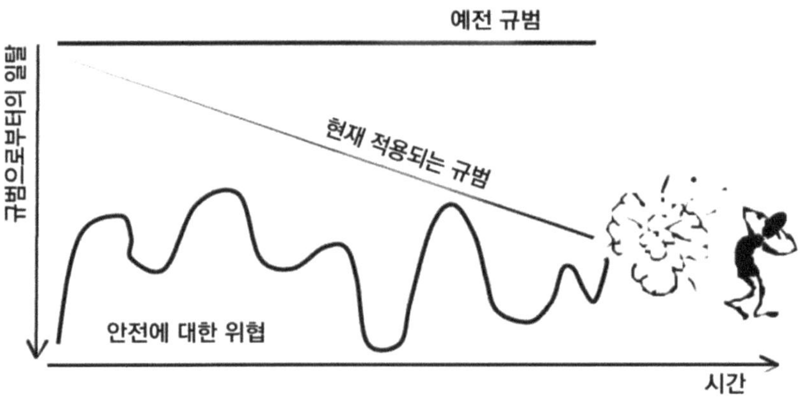

[그림 10.4] 머피의 법칙은 틀렸다.[4] 잘못 될 수 있는 것도 통상적으로 결과가 좋게 나오기 때문에, 시간이 지나면서 안전에 대한 위협이 없거나 그렇게 나쁘진 않다고 생각하게 된다. 그리고 우리가 시스템 압박에 부응하기 위해 우리의 행위를 조절하다보면(예를 들면, 일정 준수의 성과), 안전에 대한 위협은 저 밑에서 변신을 하여, 언젠가는 그림의 현 규범 선 아래 도사리고 있는 문제의 구렁텅이로 우리를 내몰게 된다.

10.5 침투된 방어수단

그렇다면 결정적으로 잘못 되는 것은 실제로 언제인가? 사고 발생으로 여겨지는 방식 하나는 방어수단의 침투나 우회로 인한 것이다. 3장의 설명대로, 안전이 최우선인 조직은, 알려졌거나 가능성 있는 사고 경로에 대해 여러 층의 방어수단을 쌓는데 많은 공을 들인다. 만약 사고가 발생한다면, 여러 층의 방어수단 중 어딘가에 문제가 있다는 것이다. 방어수단은 다양한 방식으로 생각해볼 수 있다.

· 방어수단이 가진 기능에 의해, 예를 들면 이해와 인식을 돕는 기능, 경보 또는 경고 또는 연동 기능이 있다.
· 방어수단의 기능을 발휘하는 방식에 의해 나눌 수 있다. 방어수단을 하드 한 것(경보장치, 통보장치, 자동적 재배치 장치) 또는 소프트 한 것(보고, 면허, 교육)으로 나눌 수 있다.

1984년 인도 보팔 유니온 카바이드 농약 공장에서 누출된 엄청난 양의 메틸 아이소시아네이트에 관한 이야기는 방어수단이 우회되고, 붕괴되고, 침투되고, 존재하지도 않았던 수많은 것들 중 하나이다. 예를 들어, 공정제어실에 있는 계측기가 잘못 되었는데, 무엇보다도, 극한 상태를 설계에서 고려하지 못했으며, 계량기는 메틸 아이소시아네이트 탱크 내부의 실제 온도보다 아주 낮은 값에 고정(포화상태로)되어 움직이지 않았다. 더 이상의 사건 진행을 차단시키거나 완화시킬 수 있는 방어수단이 존재하지 않거나 미흡했다. 일례로, 공장 운전자 중 누구도 비상절차서 교육을 받지 않았다. 탱크 냉각 시스템은 작동을 멈췄고 냉각수가 다 빠져나가고 없었다. 배출가스 세정기는 누출되는 메틸 아이소시아네이트를 중화시킬수 있는 양이 실제 누출되는 양보다 200배나 적고 낮은 온도로 설계되었다. 연소탑(누출가스를 연소시키기 위한 것으로 자체는 건전하였다)은 메틸아이소시아네이트 탱크와 분리되어 있었는데, 이유는 정비 작업자가 부식된 배관을 제거한 뒤 교체하지 않았기 때문이다. 마지막으로, 가스 구름을 차단하기 위해 분출되는 살수기 물의 막이 12미터 높이까지밖에 닿지 못했는데, 메틸아이소시아네이트 탱크의 뚫린 구멍에서 피어오른 가스 구름이 도달한 높이는 30미터에 달했다.

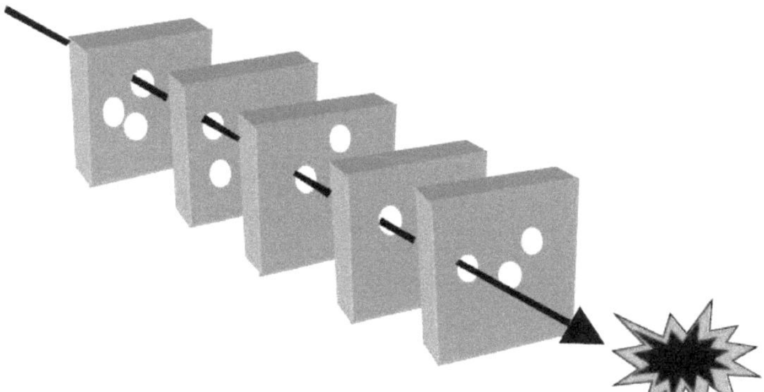

[그림 10.5] “스위스 치즈” 비유는 방어수단 침투에 대한 것이다(리즌의 1997년 책에서 인용). 비유 자체로는 구멍들이 어떻게 구성되었는지, 또는 정렬된 구멍들로 인해 오류가 사고로 발전하는 이유에 대해 설명이 되지 않는다.

방어수단 침투를 설명하기 위한 비유로 사용하는 것이 "스위스 치즈"인데, 완벽하게 견고하지 못한 개별 방어수단을 통해 오류가 통과하는 여러 층의 방어수단을 묘사한 것이다.5) 구멍들이 일렬로 정렬하지 않는다면, 사고가 발생하기 전에 오류는 어딘가에서 차단될 수 있다.

여러 층의 방어수단은 정적이지 않고 일정하지 않으며, 서로 무관하지도 않다. 방어수단들이 서로 교류하며, 협조하거나 약화시키기도 한다. 스위스 치즈 비유는 오류의 복잡성, 그리고 역으로, 시스템을 안전하게 유지하기 위해 들여야 할 노력을 이해하는데 유용하다. 또한 여러분이 사고에 영향을 미친 먼 쪽 요인을 찾는데도 도움이 된다. 그러나 비유 자체로 설명이 되지 않는 것이 있는데

· 구멍이 어디 있으며, 무엇으로 구성되어 있는지
· 구멍이 처음에 왜 거기 있었는지
· 구멍이 시간에 따라 그리고 위치가 왜 변하는지
· 사고를 발생시키기 위한 구멍 정렬이 어떻게 이뤄지는지

이것에 대한 대답은 조사관 여러분에 달렸는데, 여러분이 처한 상황에 맞도록 찾아야 한다. 또한, 어떤 방어수단이 침투되었거나 우회되었는지에 대한 조사를 통해 특정 오류만의 이유 이상의 것을 알아낼 수 있다. 방어수단의(또는 방어수단에서 여러분이 찾은 구멍의) 존재는 조직의 현 믿음이나 안전을 위협하는 취약점을 이해하는데 훌륭한 정보를 제공한다. 이로서 보다 근본적인 대처방안을 강구할 기회도 열릴 수 있다.

10.6 적응 실패와 실패한 적응

종사자가 규칙을 따른다면 시스템은 매우 안전할 텐데, 왜 종사자는 규칙을 따르지 않을까? 절차-준수가 바로 안전이라는, 이런 믿음은 순진하며, 사실은 그렇게 단순하지 않다. 실제로, 단순하다고 생각한다면, 다음과 같이 흥미로운 사고 실험을 보자.

착륙 점검표에는 항공기가 착륙을 준비하면서 필요한 작업 모두를 포함한다. 조종사는 점검표에 있는 항목을 읽어가면서, 주변에 있는 시스템을 조작한다.

· 유압 펌프	ON
· 고도계	SET
· 비행계기	SET
· 좌석벨트 신호	ON
· 꼬리 해빙	AS REQ.
· 착륙 기어	DOWN
· 스포일러	ARMED
· 자동 제동장치	SET
· 플랩과 슬랫	SET

오늘날 컴퓨터가 이런 일을 해낼 수 없는 기술적 이유는 없다. 착륙-전 점검표를 자동화하는 것은, 소프트웨어 프로그래밍 처리에 있어서는, 전적으로 가능하다. 그런데 왜 이런 일을 믿음직스럽지 못한 인간에게 맡겨야 할까? 답은 전체적인 흐름에 있다. 모든 착륙 시도가 동일하지 않다. 세상은 복잡하고 동적이다. 어떤 항목을 언제 하고, 어쩌면 다른 항목보다 먼저 어떤 항목을 조치 완료 할 수 있거나 또는 해야만 하나, 이런 것은 종사자 스스로가 포함된 상황에서 부분적으로 결정되는 것이다. 컴퓨터는 전체적인 흐름이 미묘하게 변하는 수많은 상황에 충분히 반응하지 못한다. 컴퓨터는 융통성이 없어서 타협하지 않고 점검표를 따를 텐데(여러분이 사고의 잔해 속에서 찾아냈을 때 종사자가 수행했어야 했다고 생각하는 방식 그대로), 그 항목의 조치를 종결하는 것이 전혀 적절하지 않았던 그 당시 상황의 특성은 고려하지 못한다. 절차 적용은 단순한 규칙-준수가 아닌 것으로, 컴퓨터나 인간 모두에 해당된다. 절차 적용은 실질적인 인지적 행동이다.

비행 중 화재나 여타의 심각한 고장의 예를 생각해보면, 조종사가 중량 초과 상태에서 착륙할지 아니면 연료를 버릴지에 대해 선택을 해야만 하는데(두 가지 일을 동시에 단순하게 처리할 수 없기 때문), 그 와중에 조종사는 고장의 원인을 규명하려고 절차서를 뒤져야 하는 이유는 교범이나 교육과 전문적인 훈련에 그렇게 하라고 하기 때문이다. 만약 비행 중에 있는 조종사에게 화재나 고장이 닥친다면, 여러분은 조종사가 딴 일에 신경쓰지 말고 착륙했어야 했다고 말할 것이다. 그러나 오직 사후확신을 통해서만 그렇게 말할 수 있다.

여러 절차를 적용해야 할 상황이 생기는데(그리고 자주 생기는데), 여러 가지 일이 한꺼번에 닥치기 때문이다. 하지만 다양한 절차서에 있는 항목들이 서로 모순이 되는 경우가 있다. 예를 들면, 항공기 승무원이 조종실 내부의 연기와 진동을 함께 감지한 경우를 보자. 이런 복합적인 증상을 다루기 위한 절차는 없다. 이런 상황을 다루려면 절차도 준수하고 임기응변도 해야 한다.

위와 같은 상황에서, 사후확신을 통해 말할 수 있는 것은, 승무원이 절차에 적응해서, 질러갈 것은 질러가고, 포기할 것은 포기했어야 했는데, 승무원이 적응하지 못하고 절차를 융통성 없게 적용해서, 화재에 휩싸이게 됐다는 것이다. 융통성 없는 절차 집착이 안전성을 저해하게 만드는 표준적 상황도 있다. 하지만, 3장에서 설명한 예를 보면, 항공기 지상 스포일러를 장착하지 못해 오류의 덫에 걸리지 않도록 하기 위해 국부적이고 실용적인 방식으로 절차서에 적응함으로써 당사자가 실제로 안전을 창출하는 경우도 있다.

성공적으로 적응한 조종사는, 특정한 항공기 형태에 대해 다년간의 경험을 갖고, "착륙기어 하강"을 택한 후 4초에 스포일러를 안전하게 장착할 수 있다는 것을 알게 됐는데, 왜냐하면 잠재적 착륙기어 압축에 결정적인 시간이 그 때가 지나면 오지않기 때문이다. 그는 훈련을 통해 착륙기어로부터 스포일러 손잡이로 4초 안에 충분히 천천히 손을 움직일 수 있도록 하였으며, 항상 스포일러 손잡이로 먼저 가도록 했다. 이렇게 함으로써 그는 후속 업무인 착륙 플랩 선정이나 활강 각도 설정에 충분한 시간을 확보했다. 이것이 원래의 절차를 "위반"한 것은 분명하지만, 그 "위반"이 실제로는 안전에 투자한 것이며, 오류를 미연에 방지하는데 도움이 되는 전략을 고안한 것이다.

이와 같이 절차 적용에는 다음 둘 사이에서 줄타기를 해야 한다.

- 예상치 못한 복잡성과, 다른 오류를 유발할지 모르는 취약성을 앞에 둔 상황에서 절차에 적응하는 경우이다. 하지만 종사자가 절차 적응에 항상 성공할 수는 없고, 전혀 성공하지 못 할 수도 있다, 이럴 경우 종사자는 절차를 준수하지 않고 임기응변을 따른데 대해 비난을 받는다.
- 융통성 없이 절차에 집착했으나, 절차를 상황에 맞게 적응한 것이 더 낳았을 수 있다는 것을 발견하는 경우이다. 이럴 경우, 그럴 필요가 있다는 것을 알고도 융통성을 발휘하지 못한 것에 대해 종사자는 비난을 받는다.

여기서 실무자는 이중 구속 상태에 있다는 것을 주목하라, 즉, 절차를 상황에 맞게 적응할 것인지 아니면 절차에 집착할 것인지, 사후확신으로 봤을 때, 다른 한 쪽을 택하지 않은 것에 대해 비난을 받게 된다. 어느 한 쪽에 문제가 있는 것을 발견했을 때 조직의 반응은 역효과를 낳는다. 필히 절차를 준수했어야 했는데 절차를 따르지 않았을 경우, 운영자에게 절차 준수에 대해 추가적으로 경고한다(절차를 추가하기도 한다). 절차에 집착하여 문제가 발생한 경우, 조직은 운영자에게 더 많은 재량을 주겠다는 신호를 보낸다. 그러나 이들 중 어느 것도 종사자가 처해 있는 이중 구속 상황을 근본적으로 해결하지는 못하며, 오히려 구속이 더욱 강화되기도 한다. 그러나 어느 경우라도 종사자가 당면한 힘든 상황에서, 종사자의 결정 범위가 조금 옮겨진 정도로, 종사자는 종사자가 처한 환경에서 취한 증거를 통해 규칙에 집착할지 또는 상황에 맞춰 적응할지 스스로 결정해야 한다. 그런데 어떤 결정을 내릴지는 그동안 조직에서 보내온 신호에 의해 크게 좌우된다.

"절차 위반" 또는 "규정 비준수"는 분명히 생산적이지 못하며 단정적인 꼬리표이지만, "인적 오류"를 다시 한 번 더 거론한 거에 지나지 않아, 아무것도 설명해주지 않는다. 이것은 종사자가 규칙을 철저하게 지키기만 하면 모든 것이 안전하다는 말을 반복 연습하는 것이다. "준법투쟁"이라는 말을 들어봤나? 이것은 동조 파업을 선택하는 대신, 모든 절차를 준수함으로써 변화를 추구하려는 산업적 노동 쟁의이다. 시스템은 교착 상태에 빠지게 된다. 책에 있는 모든 규칙을 따른다면, 우리의 시스템은 작동하지 않는다.

“위반”과 같은 꼬리표는 성공적인 절차 적용이나 적응에 가려진 복잡성을 간과한 것으로, 비생산적 대책으로 귀착될 것이다. 고신뢰조직(실패로부터의 학습에 많은 노력을 기울이는 조직)은 종업원에게 규칙을 철저하게 따르라고 경고함으로써 절차와 관례 사이의 간격을 꾸준히 없애려고 하지 않는다. 대신에, 고신뢰조직은 그런 간격에 가려진 이유를 이해하려고 지속적으로 투자한다. 이것을 통해 고신뢰조직은 교훈을 얻는데, 예를 들면, 비효과적인 지침에 대한 교훈, 또는 새롭게 적응된 전략이 제대로 작용하는지 아닌지에 대한 교훈이다.

10.7 스트레스와 업무 부하

스트레스는 오랫동안 중요한 용어로 여겨져 왔는데, 특히 종사자가 동적이고, 복잡하고, 안전이 중요한 업무를 처리할 경우에 해당한다. 사고 자료를 대충 읽다보면, 종사자가 스트레스를 받았다고 주장하기 쉬운데, 이는 종사자가 과도한 업무부하로 인해 실수를 범했다고 보기 때문이다. 그렇지만 이것이 어떠한 의미를 부여하거나, 상황을 설명할 수 있는 내용이 될 수는 없다. 심리학자들의 사이에서는 스트레스가 상황의 특성인지, 상황으로 인한 정신적인 결과인지, 상황 요구를 다루기 위해 허용되는 생리학적이고 심리학적 대응전략인지 지금도 논란 중에 있다. 이래서 스트레스를 원인 보고에 쓰기가 곤란한데, 왜냐하면 무엇이 무엇을 낳았는지 애매하기 때문이다.

10.7.1 요구-자원 불일치

여러분의 자료를 기반으로 조사관 여러분이 할 수 있는 것은, 상황에서 발생한 요구와 이런 요구에 부응하기 위해 종사자에게 가용했던 자원의 목록이다. 이것은 여러분이 증거를 다루는 한 가지 방식이다. 만약 여러분이 스트레스나 과도한 업무부하에 문제가 있었다고 의심한다면, 여러분이 다루는 상황에서의 요구와 자원의 예를 들어 보자([표 10.1] 참조).

스트레스와 업무부하에 대한 연구에서, 요구와 자원 사이의 불일치가 다른 종류의 운전에서는 의미가 달라진다는 보고가 일부 있었다. 해안경비기의 경우를 예로 보면, 뒷좌석 요원들은 항공기 밖으로 음파탐지기(잠수함 탐지용)를 던지는 것에 관심이 있었다.

주어진 시간에 던져야 할 음파탐지기가 많으면 많을수록, 업무부하는 더 커지고, 스트레스도 많아진다. 이와 달리, 비행기 앞좌석 요원들은 좀 더 전략적인 것에 관심이 있었다. 앞좌석 요원들에게는 해야 할 일의 숫자는 경험 상 스트레스나 업무부하와는 무관했다. 그러나 이들에게 스트레스는, 그들의 상황 모델이 실제와 일치하지 않는 것이거나, 혹은 모델이 실제 환경을 따르지 못하는 경우에 해당된다.

이상하게도, 가끔 요구와 자원 사이의 사소한 불일치로 인해 거대한 불일치보다 스트레스를 더욱 많이 받게 된다. 종사자가 경험상 가장 큰 스트레스를 받는 때는, 요구를 충족시키기 위해서, 필요한 것은 아무것도 없고 단지 별도의 자원을 조금 더하기만 하면 된다고 생각하는 경우이다. 예를 들면, 계획 변경 후 이런 일이 생길 수 있는데, 새로운 계획이 처리 불가능한 것은 아니지만(예를 들면, 다른 활주로를 선택하기), 실행에 옮기기엔 원래 계획보다 자원이 더 필요하게 된다.

10.7.2 시야 좁히기와 회귀하기

스트레스의 결과로 보고된 것 중 하나는 시야 좁히기로서, 개인 운영 환경의 일부분을 더욱 좁게 보려는 경향을 말한다. 이것은 통상 결점으로 보며, 능력이 모자란 운전자에게 나타나는 기능장애로 본다. 다른 하나의 결과로 주목받는 것은, 회귀하기로서, 현 상황에 전혀 적합하지 않음에도 불구하고 이전에 배운 관례로 돌아가려는 경향을 말한다.

그러나 여러분은 시야 좁히기와 회귀하기 둘 다 그 자체를 전략으로 사용하는 것을 실제로 볼 수 있다. 요구가 많고(주의를 기울이거나 추적할 것이) 자원이 제한적일 때(주위를 살펴 볼 시간이 제한적이어서, 뿔뿔이 흩어지며 재빨리 변하는 자료를 종합하고 취급할 두뇌 영역이 제한적일 때) 그렇다. 시야 좁히기는(가끔 "고착"이라고 불리며, 특히 종사자가 주위 세상에 대한 설명 하나에만 매달리는 경우) 증거가 불확실하고 불완전한 곳에서, 그리고 주의를 기울여야 할 맥락이 여러 가지로 전이해가는 세상에 대해 안정적이고 강력한 생각을 구축하려는 인간의 강점이 발휘되는 것이다. 정신을 집중해야 하는 맥락이 실제로는 한정되어 있을 수 있으며, 공정(예를 들면, 항공기 운항)에 대한 것보다는 위협(예를 들면, 시스템 고장)을 포함하고 있을 수 있다.

고도로 동적이고 복잡한 상황에서, 시야 좁히기는, 종사자가 여러 개의 맥락 중에서 일부 제한적인 것을 따라서 미리 자리를 선점하게 하는 하나의(부지불식간에) 전략일 수도 있다. 마찬가지로, 이전에 배운 관례로 회귀하는 것은 두뇌 자원에 여유를 주는 것으로, 종사자는 지금 자각한 것을 가지고 새롭게 처리할 일을 매번 의식적으로 찾을 필요가 없기 때문이다.

[표 10.1] 문제에서 요구받는 것과 이에 대응하는 자원 사이의 불일치를 찾아내는 것은 스트레스와 업무부하에 대한 논의를 좀 더 구체적으로 할 수 있게 해준다.

문제에서의 요구	대응하는 자원
· 헝클어진 문제	· 유사 문제 경험
· 고도로 동적인 환경: 세상이 눈 깜짝할 사이에 변함	· 진행 상황 평가에 타인이 개입
· 진행상황이나 결과의 불확실성	· 환경을 다루기 위한 지식 또는 교육
· 다른 사람과의 교류는 얻는 것보다 잃는 것이 더 많다(업무부하 감소 측면)	· 업무부하 경감과 문제 해결에 타인 개입
· 조직의 제한사항이나 압력	· 이와 같은 제한사항이나 압력을 조직이 인식
· 목표 사이의 모순	· 목표 우선순위에 대한 지침
· 결과에 대한 이해관계가 중대하다	· 안전한 결과에 도달하기 위해서는 넘어서는 안 되는 제한선이 있다는 인식
· 시간 제약	· 업무부하 관리 기술

10.8 조정 실패

대체로 복잡한 세상에서는 혼자서 임무를 수행하지는 않는다. 임무를 수행하면서, 오류를 찾아 조치하는 것은, 본질적으로 여럿이 나눠서 처리하는데, 마치 역할이 나눠진 것과 같다.

· 여럿이 업무를 나눠서 처리하려면 업무 조정이 필요하다.
· 그렇기 때문에, 업무 조정에 문제가 생기는 것은, 일련의 사건이 사고로 발전할 조짐으로 볼 수 있다.

승무원 자원관리는, 항공산업 뿐만 아니라, 의료산업이나 여타 산업 분야에서도 흔히 접하는 심리학적 꼬리표인데, 공동의 운영 목표를 추구하는 팀원 사이의 업무 조정과 관련한 것이다. 그렇다면, "효과적 승무원 자원관리"는 무엇을 뜻하나? 이에 대해 좀 더 구체적으로 알아보기로 하자.

10.8.1 팀원들의 상이한 목표

복잡한 운영 환경에서는 어김없이 동시에 조치해야 할 다중의 목표가 있다.

A에서 B로 가는 단순한 비행을 보면, 정시 도착, 악천후 속 순항, 슬롯 배정 압력, 최적 연료 사용, 대체 공항 가용성, 승객 편의 등의 이런 목표 모두가 하나의 판단이나 결정에 영향을 미칠 수 있다.

같은 운영팀 내에서 각자의 역할이 다르면, 이들 목표에 의해 영향을 받거나, 혹은 책임을 져야 하는 것이, 팀원 모두에게 동일하지는 않을 것이다. 이 때문에, 어느 한 순간 팀이 추구하는 주요 목표에 대해 팀원 각자가 보는 시각이 다를 수 있다.

10.8.2 팀원 간의 상이한 해석

배경과 역할이 다른 사람들은 그들이 처한 환경에 대해 이해를 다르게 그리고 폭도 다르게 할 수 있다. 판단이 다르면 목표 추구도 다르게 된다.

게리 클라인이 3대의 발전기를 장착한 비행기에 대한 흥미로운 얘기를 전했는데, 그 비행기는 엔진마다 발전기가 하나씩 있었다. 발전기 중 한 대가 비행 초기에 고장이 났다. 이것이 특별히 안전에 문제가 있는 것은 아닌데, 나머지 발전기 두 대로 비행기에 필요한 전기는 충분하기 때문이다. 그러다가, 다른 엔진에서 기름이 새어나와, 거의 정지시켜야 할 지경이었다. 잠시 협의를 거쳐, 승무원들은 고장 난 엔진의 가동을 중지하고, 그 엔진의 발전기를 필요할 때 쓸 수 있도록 예비로 돌려놓았다. 착륙 후, 사용 가능했던 발전기가 몇 대인지 물었을 때, 동승했던 부기장은 "두 대"라고 말했다. 반면에 기장은 "한 대 반"이라고 했는데, 건전한 것 하나와 가동 중지 하나를 의미한 것이다. 그러나 항공 기관사는 "한 대"라고 말했는데, 가동 중지한 것 하나는 제외하고 실제로 발전했던 것만 고려했다.[6)]

10.8.3 승무원에게 의식화 되지 못하는 지식

위의 얘기가 시사하는 바는 팀의 의식-전 단계에 머무르는 지식에 대한 것으로, 즉, 공개되거나 의식화되지 않고 개인 각자의 머리에 갇혀버린 지식을 말한다. 각자가 상황에 대한 이해나 지식을 공동의 장에 내놓지 않는 이유가 많을 텐데, 고압적인 지휘관, 또는 숫기 없는 부하 때문일 수 있다.

그런데 조정의 부재는, 가끔 다른 사람도 비슷하게 상황을 이해할 것이라고 종사자가 가정하기 때문일 수도 있는데, 종사자가 이미 알고 있는 것은 다른 사람도 알고 있을 것이라는 가정이다. 바로 위 예에서의 항공 기관사와 같이, 그는 적어도 그 순간에 사용 가능한 발전기는 한 대 뿐이었다는 것을 두 조종사가 알고 있었다고 가정했을 것이다. 통상적으로 이런 가정에는 아주 좋은 이유가 있는데, 절차를 반복하여 장황하게 설명하지 않는 승무원 대화를 통해 업무 조정을 원활하게 할 수 있기 때문이다. 여러분이 종사자들의 목표와 해석이 다르다는 것을 발견하고, 사고의 잔해에서 대화 부재를 발견했다면, 그런 것을 실패나 상실로 보기 쉽다. 예를 들면, 팀워크의 실패라는 것이다. 또는 리더십의 실패나, 승무원 자원관리 상실로 본다. 하지만 실패 뒤에 숨어 있는 것을 살펴보면, 승무원 하나의 침묵이 실제로는 좋은 팀워크를 나타내기도 하는데, 방해하지 말아야 할 때를 알기 때문이다.

10.8.4 운영 환경의 특성

운영 환경의 특성으로 인해 판단이나 조치를 공유하기 어려울 수 있다. 예를 들면

- 시끄러운 소음, 어두운 조명, 부적절한 자리 배치 같은 인간공학적으로 문제가 있는 환경
- 특히 컴퓨터 기술이 관련되면 상황이 더욱 모호하게 되어 업무 조정과 교차-점검 그리고 오류 확인을 어렵게 하는 특성이 있다.

최신 항공기에는 비행 관리 시스템이 장착되어 있어서 기본적으로 항공기 전체를 관할한다. 조종사 각자는 개인별 소규모 작업공간에 있는 별도의 연계 시스템을 통해 비행 관리 시스템에 개별적으로 접근한다. 이런 환경에서, 다른 조종사가 보거나, 알거나, 이해할 필요 없이 조종사가 비행 계획을 심하게 바꿀 수 있다. 조종사는 "실행"을 누르기만 하면 되고 컴퓨터가 알아서 프로그램 된 대로 이행한다.

당연히 항공사에는 절차가 구비되어 있어, 조종사가 다른 조종사의 컴퓨터 입력을 교차-점검하도록 하지만, 실제로는 이런 절차를 이행하기가 비현실적이거나 불필요한 상황이 많다. 업무 조정의 진짜 문제는 조종사의 절차 비준수가 아니다. 그것은 안전이 최우선인 업무의 조정을 극도로 어렵게 만든 설계 특성 때문이다.[7]

10.9 역사 살피기

여러분이 조사 중인 사고가 여러분의 조직에서는 처음 접하는 것일 수도 있지만, 그렇지 않을 가능성이 많다. 사고 발생 잠재력은 통상적으로 시간이 가면서 커지기 때문에, 가까운 위기일발-사고의 얘기로부터, 또는 여러분이 지금 조사하고 있는 사건에 앞서 발생했던 유사 사고로부터 교훈을 많이 얻을 수 있다. 이 장에서는 총연습과 대조적인 경우에 대해 살펴보려 한다.

10.9.1 총연습

불운이 닥치기 이전의 사건 순서를 보면 실제로 발생한 사고나 사건의 순서와 동일하게 보이지만, 불행 중 다행으로 결과가 다른 것을 "총연습"이라고 한다.

1992년 1월, 고도로 자동화된 비행기 한대가 프랑스 동부에 있는 스트라스부르그 공항 근처 산에 추락했다. 각각이 비행기 하강을 관리할 수 있는 두 개의 자동화 모드 사이의 혼란이 추락의 주된 이유인 것으로 밝혀졌다. 조종사 의도는 자동화 시스템을 이용하여 활주로를 향해 3.3도의 비행경로 각도로 진입을 하는 것이었다. 그러나 비행기 전산 시스템 수직과 수평 자동화 모드 사이의 내부 연결 문제로 인해, 비행기는 비행경로 각도 모드에 있지 않았고, 수직 항속 모드로 잘못 들어갔다. 조종사가 선택할 두 모드의 손잡이가 동일했고, 3.3이라는 입력은 분속 1,000미터의 하강 속도로 인식되었기 때문에, 3.3도보다 훨씬 더 급하게 하강하게 되었다.

이 사고가 발생하기 전에, 여러 항공사가 비행경로 각도 모드 대신 수직 항속 모드로 비행한 유사한 사건을 경험했다. 다행스럽게도 이 경우에서는, 복행(復行: 비행기가 착륙 시도에 실패한 뒤 재시도를 위해 잡는 비행 방향)이 가능했다. 조종실에 인간공학적으로 문제가 있다는 것을 조종사들이 받아들이기를 꺼려했다고 언급했지만, 한 항공사는 이런 종류의 사건을 피하기 위해 임시로 예방 교육을 개설했다.

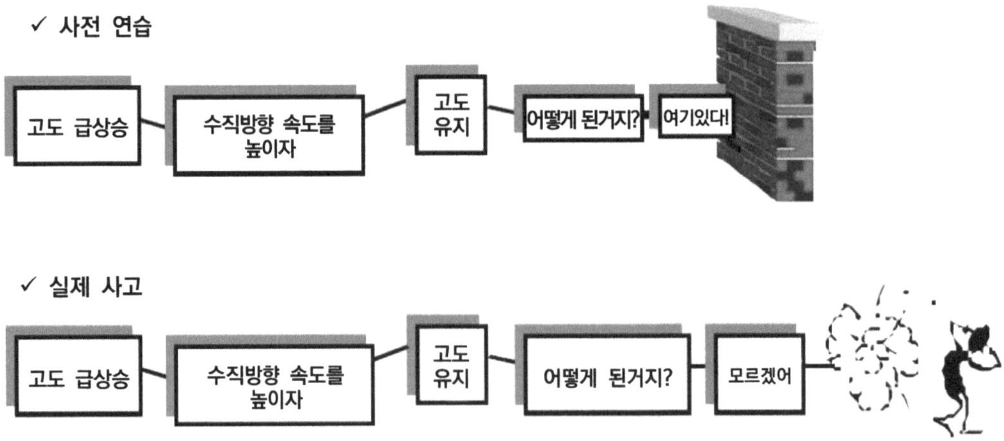

[그림 10.6] 총연습 대비 실제 사고

총연습을 통해서 알 수 있는 것은 의심 가는 행위에 대한 시스템의 개입을 좀 더 주의깊게 살펴보라는 것이다. 공통적인 것이 무엇인가? 누구나 빠지게 되는 함정이 무엇인가? 총연습과 실제 사고를 비교하여 알 수 있는 것은, 시스템을 벼랑 끝으로 내몬 것과 사전에 완전 붕괴를 방지한 것에 대한 것이다.

스트라스부르그에서의 추락은 눈 오는 밤에 발생하였다. 총연습은 더 좋은 조건에서 이뤄졌던 것 같은데, 조종사가 지형을 눈으로 볼 수 있었다. 게다가, 스트라스부르그로 출항하는 항공사는 지상 근접 경보 시스템을 장착하지 않기로 했는데, 그 이유는 그 당시 그 시스템이 잘못된 경보를 발생하는 경우가 많았기 때문으로, 산악지역의 근거리 비행이 많아, 경보 오류 문제가 더욱 심했다. 지상 근접 경보 시스템으로 총연습을 한번만 했으면 재난을 막을 수 있었을 것이다.

대책 마련에 엄청나게 투자하지 않고도 국부적으로 총연습이 가능하다는 것을 보면, 위험에 대처하는 산업체의 인식이 어떤지 짐작할 수 있고, 안전에 중요한 정보를 다른 운영자와 공유하는데 취약하다는 것도 알 수 있다.

10.9.2 대조적인 경우

다른 사고도, 그 사고가 동일한 조직 또는 산업에서의 발생 여부와 상관없이 대조적인 경우로서의 기능을 할 수 있는데, 대부분의 상황은 유사하지만, 종사자의 행동은 조금 달랐고, 판단과 조치가 달랐던 경우이다. 이런 차이가 조사관 여러분이 다루는 상황 내에 있는 종사자 행위에 대한 이유를 밝혀줄 강력한 단서가 된다.

비행기 한 대가 관제탑으로부터 방금 착륙한 활주로에서 유도로로 신속히 빠져나가라는 다급한 요청을 받았는데, 이유는 뒤따라오는 비행기가 많았기 때문이다. 마지막 회전이 제대로 되지 않아 비행기는 잠시 포장도로를 완전히 벗어났다. 비행기는 다른 유도로로 재진입하여 자체 추진력으로 게이트에 다다랐다. 비록 그 당시 다른 방도를 취할 수 있는 절차는 없었지만, 항공사는 조종사가 지상 활주를 지속한 것을 궁금해 했는데, 비행기가 바퀴나 제동장치 등에 알지 못하는 결함이 있을 수 있던 상황이었기 때문이다(결함이 없는 것으로 밝혀지긴 했지만).

그 일이 발생하기 얼마 전에, 동일한 항공사의 유사한 비행기 한 대가 포장도로를 이탈한 사건이 있었다. 그러나 이 사건은 조그만 시골 공항에서 밤늦은 시간에 비행기와 조종사 모두 그날의 마지막 비행을 마친 후에 발생하였다. 공항에는 그 비행기가 유일하였다. 조종사는 게이트까지 지상 활주를 하지 않기로 했고, 거기서 승객을 내리고 비행기는 견인했다. 이와 같은 과정 전체에 관제탑이 관여했다.

이것은 위의 경우와 첨예하게 대립하는데, 위의 경우는 항공사의 주요 중심 공항에서 발생하였다. 연결 편으로 갈아타야 할 승객도 많았고, 조종사와 비행기도 연결별 운항에 필요하였다. 빗줄기가 강하고, 바람도 심해, 야외에서 승객을 내리는 것은 도저히 불가능했다. 관제사들은 이 사건을 주목하지 않는 것처럼 보였다. 더군다나, 승객을 실어나를 버스와 견인차를 야외로 보내는 시간 동안 비행기가 주요 유도로를 막게 되는데, 이렇게 되면 2분마다 착륙이 이뤄져야 하는 공항은 마비가 될 것이다.

두 가지의 대조적인 경우와 총연습을 통해, 중요한 것은 유사성이며 상이함이 아니다. 운전자가 직면하는 것은 같은 종류의 문제나 딜레마이다. 사고를 통해 알 수 있는 것은 작업의 진행인데, 결과와는 무관하다. 진짜로 안전이 향상되려면 사건 간의 유사성을 잘 살펴봐야 하는데, 그 유사성은 붕괴로 가는 특정한 패턴을 부각시켜주는 것으로서(예를 들면: 비행경로 각도 대신 수직 항속 모드) 환경과 무관한 것이다.

각주

1) 자료 참조: Woods, D. D., Johanssen, L. J., Cook, R. I., & Sarter, N. B. (1994). Behind human error: Cognitive systems, computers and hindsight. Dayton, OH: CSERIAC, and Dekker, S. W. A., & Hollnagel, E. (Eds.) (1999). Coping with computers in the Cockpit. Aldershot, UK: Ashgate.
2) Cordesman, A. H., & Wagner, A. R. (1996). The lessons of modern war, Vol. 4: The Gulf War, Boulder, CO: Westview Press.
3) Vaughan, D. (1996). The Challenger launch decision. Chicago, IL: University of Chicago Press.
4) 자료 인용: Langewiesche, W. (1998). Inside the sky. New York: Pantheon.
5) Reason, J. (1997). Managing the risk of organizational accidents. Aldershot, UK: Ashgate Publishing Co.
6) Klein, G. (1998). Source of power: How people make decisions. Cambridge, MA: MIT Press.
7) Dekker, S. W. A., & Hollnagel, E. (Eds) (1999). Coping with computers in the cockpit. Aldershot, UK: Ashgate.

11. 권고문 작성

인적요인에 대한 권고문을 생각해내는 것은 조사 수행 시 매우 어려운 일에 속한다. 흔히 떠오르는 생각은 매우 피상적인 처방뿐이다. 종사자가 좀 더 주의를 기울이면 된다고 말하거나. 종사자의 행위를 엄격하게 통제하기 위한 또 다른 절차를 작성하라고 하거나. 해를 끼치는 특정인 모두를 제거하라고 한다. 그러나 이런 대책이 가지고 있는 한계는 다음과 같아서, 심각하고, 뿌리 깊으며, 기록도 잘 되어 있다.

· 종사자가 하는 일이라곤 단지 사고로 인한 어색함과 두려움이 없어지기만을 바라면서 조금 더 조심을 할 뿐이다.
· 새로운 절차가, 운영에 필요한 사항을 만족하지 못하는 상황이 발생하거나, 다른 규제 업무 처리를 위한 산적한 서류 작업에 묻혀 사라지기도 한다.
· 해를 끼친 사람들을 제거한다고 해서 그들이 개입한 문제가 제거되지는 않는다. 다른 사람들이 항상 그들의 발자취를 따르게 될 것이기 때문이다.

인적 오류 조사가 궁극적으로 지향해야 할 것은 시스템으로부터의 잠재적 오류를 실제로 제거하는 것이며, 그렇게 해야 알찬 권고문으로 빛을 발하게 된다.

11.1 권고와 예측

알찬 권고문을 보다 쉽게 작성하려면, 권고를 예측으로 보거나 일종의 실험이라고 보면 된다. 종사자가 수행해야 할 직무나 업무 수행에 필요한 도구의 특성과, 그리고 종사자 업무 수행 환경의 특성과 인적 오류는 시스템적으로 연결되어 있고, 권고문은 기본적으로 이들 특성의 변화를 제시하는 것이다. 조사관 여러분이 원하는 것은, 새로운 절차, 새로운 기술, 새로운 교육, 새로운 안전 연동장치, 새로운 규제, 더 많은 경영진의 헌신 같은 것으로, 여러분의 권고문에는 필히, 그 안에서 이뤄지는 행위가 바뀌길 바라면서, 부분적이나마 운영 및 조직을 개편하고 개조하는 내용을 제시해야 한다.

이런 측면에서 여러분의 권고는 예측 또는 가정이다. 여러분이 무엇인가에 대한 변경을 제안하는 것은, 인적 행위에 어떤 효과가 있을 것이라는 것을 암암리에 예측하는 것이다. 여러분의 예측이 얼마나 잘 맞을 것인가는 당연히 여러분이 얼마나 믿을만한 조사를 수행했는지에 달려 있는데, 여러분이 수행한 조사는 관찰된 인적 오류와 직무, 도구, 환경의 결정적인 특성과의 연관 관계에 대한 조사이다. 이러한 예측을 하게 되었다면, 여러분이 도전해야 할 대상은 여러분의 실험에 동참하기 위해 여러분의 권고를 실행에 옮길 책임이 있는 사람들인데, 그들은 제시된 변화로 인해 인적 성과에 원하는 효과가 실제로 있는지를 지속적으로 관찰해야 하기 때문이다.

11.1.1 원인 사슬 상단 및 하단을 향한 권고

그렇다면 변화에는 어떤 것이 있을까? 인적 성과에 효과라도 볼 수 있으려면 어떤 종류의 변화를 제안해야 할까? 여러분에게 기본적으로 제시된 것은, 여러분이 권고하는 변화로 인한 충격이 원인 사슬의 어느 높이까지 도달하길 원하는지에 달려 있다.

사고를 접했을 때 전형적인 반응은 원인 사슬의 아래 극단 또는 사고 발생에 직접적으로 연류된 하류에서 시작하는 것이다. 권고는 오류를 범한 종사자나 그와 같은 운전자에게 집중된다. 원인 사슬 하단에 대한 권고는 결함 있는 종사자 개인에 대한 재교육이거나, 그들을 강등시키거나, 다른 어떤 방법으로 그들을 제거하는 것이다. 원인 사슬 하단에 대한 다른 권고로는 절차를 강화하는 것인데, 오류투성이의 제멋대로인 인간의 행위를 제약하고 가두려는 것이다.

이와는 대조적으로, 원인 사슬의 상류에 해당하는 상단을 향한 권고는 종사자가 사업장에서 다뤄야 할 자원, 기술, 압박 관련한 구조적 결정에 대한 것이다. 상단 권고의 예로는 특정 부서나 운영 업무에 자원을 재배치하는 것이다.

상류가 됐건 하류가 됐건, 이러한 선택은 조사관인 여러분에 달려 있다. 그리고 이런 선택이 직접 영향을 미칠 것은

- 얼마나 용이하게 여러분의 권고가 이행될 수 있는지, 그리고
- 여러분이 권고한 변화의 효과이다.

이행의 용이성과 이행된 권고의 효과는 통상적으로 상반된다. 다른 말로 하면, 권고가 받아들여지고 이행되는 것이 쉬우면 쉬울수록, 효과는 더욱 더 작게 된다([그림 11.1] 참조).

일반적으로, 원인 사슬 하단에서의 변화는 그렇게 포괄적이 아니다. 몇 명의 개인이나 조직의 소규모 하부 부서에 변화가 집중된다. 이러한 권고로, 사고를 처벌하려는 사람이나 오류를 범한 종사자를 "시범 케이스로" 호되게 다루려는 사람을 만족시킬 수는 있다.

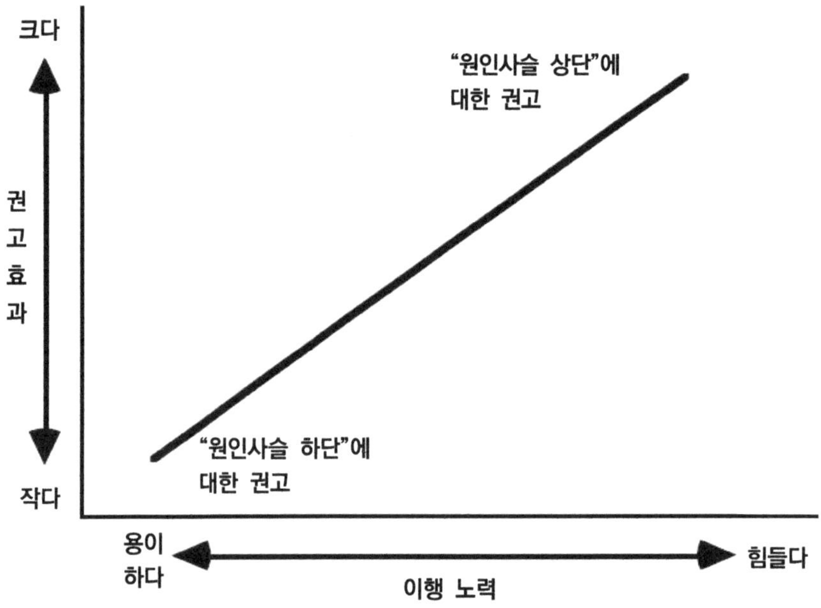

[그림 11.1] 이행하기 쉬운 권고와 실제로 효과가 오래 가는 권고 사이의 절충

하지만 이러한 변화가 이행된 후에, 동종의 오류를 범할 가능성이 조직이나 운영에 남아있게 된다. 거의 틀림없이 오류가 어떤 형태로든 반복이 될 텐데, 다른 누군가가 동일한 상황에 처하게 마련이기 때문이다. 원인 사슬 하단을 향한 권고는 실제로 증상을 다룬 것이며 원인에 대한 것이 아니다. 하단 권고 이행 이후에 보면, 시스템이 전반적으로 더 현명해지거나 좋아지지 않는다.

원인 사슬 하단 또는 좁은 범위의 권고로 사고 재발을 방지하겠다는 환상을 갖게 되는 이유 중 하나는 사고 순서가 선형적 경로를 따를 것이라는 생각 때문인데, 즉, 순서 중에서 하나의 단계를 제거해버리면 사고가 더 이상 발생하지 않을 것이라는 생각이다([그림 11.2] 참조).

그러나 복잡하고 동적인 시스템에서 그렇게 될 가능성은 거의 없다. 사고로 가는 경로는 결코 선형적이거나 좁거나 단순하지 않다.

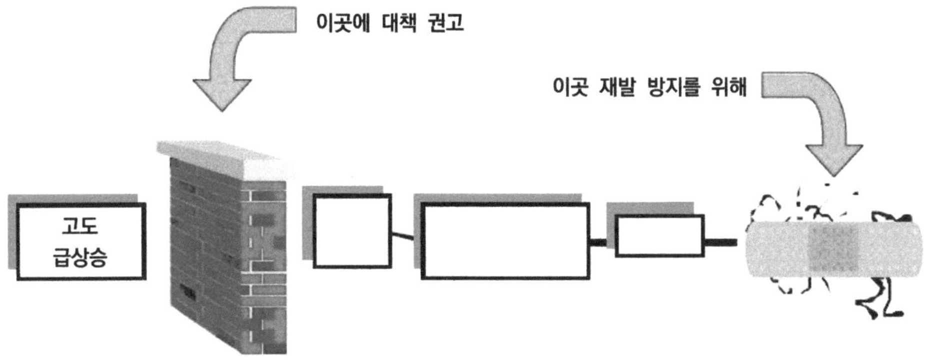

[그림 11.2] 사고로 가는 도중 어디쯤 알려진 경로를 차단하면 유사한 사고 모두를 방지할 수 있다고 믿을 수도 있다.

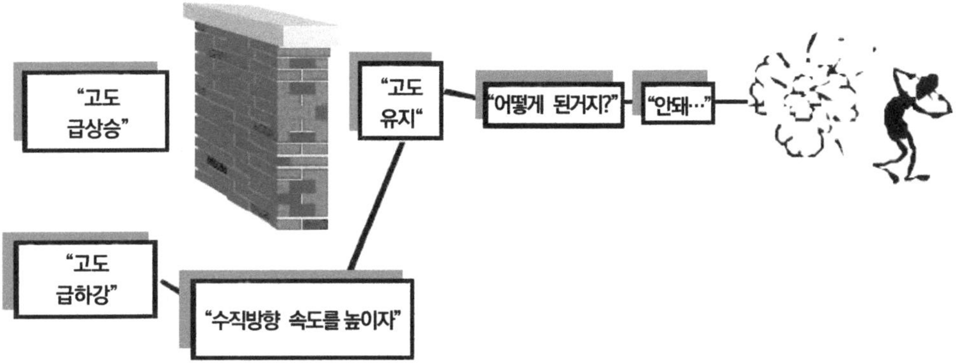

[그림 11.3] 사고로 내모는 더 깊고 더 미묘한 취약성을 이해하지 않고 다루지도 않는다면, 사고의 재발을 막을 수 없다.

사고를 일으키는 원인은 다양하며, 시스템의 모든 부분이 관여하기 마련인데, 전형적으로 이 부분들 간의 미묘한 상호작용과 관련이 있다. 사고로 가는 선형적 경로 도중 어디쯤에 대비책(여러분이 생각하기에 그럴 듯한)을 세우는 것으로는 충분치 않다. 대책을 고안하는 데 있어서, 시스템 모든 부분을 망라한 취약점(도구, 직무, 운영, 조직 특성)으로 인해 모습이나 조건이 다르면 시스템 사고가 발생할 수 있다는 점을 이해하는 것이 매우 중요하다.

11.1.2 원인 사슬 상단 권고의 어려움

원인 사슬의 더욱 더 높은 곳을 목표로 할수록, 여러분의 권고가 수용되기 더욱 더 어렵다는 것을 알게 될 것이다. 상단 권고에서 제시된 변화는 실속이 있고, 구조적이며, 방대할 것이며, 비용이 더 많이 들 것도 거의 틀림없다. 그리고 특정 운영 당사자로부터 멀찌감치 떨어져 있는 사람들이 이번 사건 발생이나 향후 사고 방지에 책임을 질 수 없다고 주장하기 쉽다는 것도 무시하기 어려울 것이다. 요컨대, 비용이 너무 많이 들고, 조직에서는 구조적 권고 이행이 왜 필요하지 않은지에 대해 둘러 댈 이유가 많을 것인데, 예를 들면

· "우리는 이미 그것에 주의를 기울였다"
· "그건 교범에 있다"
· "이건 우리 일이 아니다"
· "우리는 그걸 다룰 절차가 있다"
· "이 권고 사항은 그 사고와는 무관하다"
· "그것을 다룰 사람을 선정하고 교육했다"
· "이건 우리 문제가 아니다."

이런 식의 반응을 접하다 보면 조사관으로서 여러분은 권고문 작성이 선뜻 내키지 않을 것이다. 사실, 원인 사슬 최상단을 목표로 하는 권고문의 다수는 최초 조사에서 작성되지 못했지만, 속개된 조사나, 상위 기관이 이전에 내린 결론에 대한 불만을 강렬하게 표시한데 따라 다시 제출된 권고문으로 작성된 것이다.

이에 해당하는 사례 하나는, 남극대륙의 마운트 에레버스에 추락한 DC-10기가 있다. 항공기 사고보고서에 기록된 가능한 원인으로는 승무원이 그들의 위치에 대한 확신이 없는 상태에서 지상과 지평선의 구분이 잘 되지 않는 곳을 향해 저고도 비행을 지속하기로 기장이 결정했기 때문이었다. 이런 식으로 서술한 가능한 원인에 뒤이은 권고문이 어떤 것이라는 것을 상상하기 어렵지 않다. 절차를 강화하고, 다음번 비행에는 더욱 조심하라고 촉구하는 것이다.

그 다음 조사위원회에서 결정한 주요 원인은 항공기 컴퓨터를 프로그래밍 한 항공사 관리의 실수인데, 그것을 만든 사람이 직접 저지른 실수 때문이 아니라 실수를 가능하게 한 항공사 행정 절차 때문이라는 것이다. 이런 결론으로부터 나올 수 있음직한 권

고는 앞에 것과는 다르고 원인 사슬의 보다 높은 곳을 목표로 할 것이다. 남극대륙 운항 전체에 대해서 그리고 운항이 준비되고 관리되는 방식에 대해 검토하게 될 것이다. 컴퓨터 프로그래밍을 이중으로 점검하는 절차를 도입할 것이다. 등 1)

최초의 조사에서 원인 사슬 상단 권고를 포함하거나 강조하면 강력한 경우가 될 것이다. 그렇게 되기만 한다면, 똑같고 뻔한 사건 사고를 조사하는 일은 두 번 다시 없을 것이다. 구조적 변화로 인해 운영 전반에 효과가 나타날 텐데, 변화가 없었으면 시스템에 남아 있을 오류의 덫을 제거하거나 미리 닫아버릴 수 있기 때문이다.

4장에서 에어 온타리오사의 항공기 추락에 대한 모샨스키 판사 조사에서 191건의 권고 사항이 만들어졌다는 것을 기억하라. 이들 대부분은 원인 사슬 상단에 대한 것이다. 이들이 문제 삼은 것을 예로 들면2)

· 생산을 위한 업무와 비교하여 안전을 위한 업무에 투입한 자원의 할당 미흡
· 항공사와 규제당국 공히 안전관리 소홀
· 조직 경영진 교체
· 운영 및 보수의 결함
· 신 기종 관리와 도입의 결함
· 관리자와 실무자 사이 대화 통로의 결함
· 일정 관리의 결함(특정 항공기의 과다 운행)
· 감시와 감사의 결함
· 정보의 조사, 통제, 처리의 결함
· 불충분한 예비품 구매
· 항공사 합병 후 의욕 저하 및 고용 불안정
· 상이한 기업문화
· 높은 이직률
· 미흡한 운영 요원 지원
· 항공사와 규제당국의 불충분한 정책 수립

이것은 제시된 권고 사항 일부에 지나지 않는다. 심각한 인적 오류를 조사한다면, 아마도 이런 종류의 조건들 다수가 복잡한 시스템에서 드러날 것이다. 원인 사슬 상단을 목표로 한 구조적 권고사항을 도출해낼 수 있는 능력은 여러분이 인적 오류에 대해 얼마나 알차고 깊게 이해했느냐에 달려 있다.

11.2 대책을 위한 증거 찾기

여러분이 제시하는 권고 사항의 종류나 내용은 여러분이 조사하고 있는 사고의 종류나 내용에 달려 있다는 것은 당연하다. 그러나 원인 사슬 상단 권고 사항을 도출하려면 9장의 사고 관여 조직 요인의 일부를 다시 살펴보면 좋을 것이다. 예를 들면

- 후방에서 자원을 가져다 재배치하고, 종사자의 국부적 결정이나 절충에 부과됐던 제약을 완화시켜준다.
- 목표 대립을 드러내어 관련된 사람들이 공론화하게 만든다.
- 취약하거나 붕괴되고 사라진 것으로 밝혀진 방어수단에 대한 투자를 재개한다.
- 규제자와 운영자 사이의 관계에 대한 특성과 깊이를 다시 살펴봄으로써 규제기관의 접근을 보다 의미 있게 만든다.

11.2.1 종사자의 협조 구하기

가능하기만 하다면, 종사자와의 대화를 통해 위와 같은 목록을 작성하는 것도 성과를 기대할 수 있다. 게리 클라인과 그의 연구 조원들이 사고 재발 방지 대책을 찾기 위해 종사자에게 질문한 내용 중 일부는 다음과 같다.

- 상황을 올바로 이해하기 위해 도움을 받은 것은 무엇인가?
- 교육, 경험, 지식, 절차, 타인과의 협력 중에서 특별하게 도움을 받은 것이 있나?
- 상황에서 지금까지와 달랐던 핵심적인 특성이 있었다면, 이에 대처하기 위해 취한 지금까지와 다른 조치에는 어떤 것이 있나?
- 회사에서 제공한 보다 명확한 절차로 대립하는 목표들을 절충하는데 도움을 받을 수 있었나?

이러한 질문에 대한 답변에서 여러분이 생각하지 못했을 것 같은 대책을 확인할 수 있을 뿐만 아니라, 실제로 다음과 같은 유용한 대책 확인에도 도움이 된다. 여러분이 제시하려고 생각하는 대책이 여러분이 피하려고 하는 유사 상황에 과연 효과가 있을 것인가? 종사자는 여러분이 조사하고 있는 상황에 밀접한 지식을 갖고 있으므로, 종사자에게 직접 묻는 것은 좋은 생각이다.

11.3 권고문을 따라다니는 고질적 문제

조사관 업무에서 권고문 작성이 가장 불만족스러운 부분이 될지 모른다.

- 권고문 작성은 쉬운 일이 아닌데, 특히, 인적요인과 관련한 것은 그렇다.
- 권고가 이행되게 하는 것은 어려운 일이다. 언어 선택의 미묘한 차이로 권고 채택이 갈리는데, 권고문을 검토하는 위원회 참석자에 달려 있기 때문이다.
- 권고 이행을 통해 시스템 안전에 어떤 효과가 있는지 확인하기가 어렵다.

통상적으로 조사는 많은 비용을 수반한다. 조직에서 사건 진단을 위해 상당한 자원을 투입하는 경우가 종종 있는데, 이것은 규제 때문으로 조직이 원하는 것과 상관없다. 알찬 권고문을 만들려면 조사에 많은 비용을 투입해야 한다. 사건에 대해 조작되고 떠도는 얘깃거리가 교훈을 주기도 하지만(12장 참조), 조직과 조직의 활동이 어떻게 설계되고 운영되는지에 대해 어느 정도 지속적인 효과를 보이는 것은 권고문밖에 없다. 만약 권고 사항 모두가 채택이 되지 않으면, 조사의 목표는 달성되지 못한 것이다.

한 조사관의 설명에 의하면, 권고문 작성과 내용 결정은 전적으로 권고 사항 이행을 평가할 위원회 참석자에 달려 있다는 것이다. 다른 권고 사항들에게 기회를 더 주기 위해 권고 사항 표현의 조정과 변경이 이뤄지고 일부는 삭제된다. 이것으로 알 수 있는 것은, 대책에 대한 권고 사항으로부터 출발해서 이행으로까지 가는 여정은 주로 정치적이라는 것이다.

또 하나 생각나게 하는 것은, 아무리 조사가 훌륭했다고 해도 그것이 결과적으로 조직 운영에 잘 반영될 거라는 보장은 없다는 것이다. 조사가 아무리 훌륭하다 해도 대책 이행이 정말로 훌륭하게 될 거라는 보장은 없다. 사실은, [그림 11.1]을 본다면 그 반대가 맞다. 정말로 훌륭한 조사라면 시스템 결함을 공개해서 근본적인 조정을 해야 하는데 비용이 너무 많이 들고 너무 민감해서 수용하기가 어렵다.

11.3.1 초점은 진단에 있지, 변화에 있지 않다.

권고문 작성은 조사 과정 후반에 이뤄지는 것으로 힘만 들고 매력적이진 않다. 권고문이 한 쪽으로 밀려나고 이행이 제대로 이뤄지지 않는 이유 하나는, 조직 내에서 권고문은 제한적이고 단발성 해결책으로 대치됨으로써 흐지부지 돼버리기 때문이다. 안전담당 부서가 잘 운영되고 조사에도 많은 자원을 투입한다고 해도, 다수의 조직에서는 지속적 발전을 위한 일관성 있는 전략이 없다. 공정제어와 안전운영에 배치된 자원이 주로 지향하는 바는 과거에 잘못된 것을 찾아내는 것으로, 미래에 확신을 줄 것에 대한 것이 아니다. 초점은 진단에 있지, 변화에 있지 않다.

진단을 강조하다보면 안전의 향상을 저해할 수 있다. 신중한 진단을 통해 도출된 권고문이라도 조직 향상 과정을 헌신적으로 수행할 수 있는 적극적 관리자가 없다면 성공적 이행을 기대하기는 어렵다. 마찬가지로, 성공적인 권고 사항 이행에 대한 피드백이 저절로 만들어지진 않는다. 피드백을 얻으려면, 적극적으로 뒤지고, 찾고, 엮고, 되짚어보고, 평가해야 한다. 이행된 권고 사항에 대한 피드백을 만들어낼 제대로 된 장치를 보유한 조직은 드물며, 이런 장치의 필요성을 이해하고 지원하는 고위 경영진도 거의 없다. 문제는, 결국, 조직학습을 지원하고 극대화시키는 것인데, 즉, 조직을 변화시키는 것으로, 12장에서 다루려 한다.

각주

1) 참조: Vette, G. (1983). Impact Erebus. Auckland, NZ: Hodder & Stoughton.
2) Moshansky, V. P. (1992). Commission of inquire into the Air Ontario accident at Dryden, Ontario (Final report, vol. 1-4). Ottawa, ON: Minister of Supply and Services, Canada.

12. 사고를 통한 학습

어떤 조사이든지 핵심은 실패로부터 배우자는 것이다. 이런 측면에서 보면, 사고는 기회의 창이다. 전형적으로 사고가 발생한 바로 직후에 형성되는 분위기는 다음과 같다.

· 조직 일부에서는 전보다 더 많은 자체 조사를 기꺼이 수행하기도 한다.
· 무엇이 왜 잘못됐는지를 찾으려는 공동의 노력으로 인해, 관리자와 실무자 사이, 그리고 규제자와 운영자 사이의 경계가 잠시 허물어지기도 한다.
· 아주 잠시일지라도, 업무 수행자와 업무가 진행되는 시스템이 변화를 긍정적으로 받아들이기도 한다.
· 평상시에는 생산 활동에만 국한됐던 자원이 사용 가능하게도 되는데, 이런 자원으로 변화를 받아들이기 매우 까다로운 권고 사항도 실현이 가능하게 될 수도 있다.

그러나 단지 조사만으로는 기회의 창을 통한 성공이 보장되지는 않는다. 실패로부터 배우려면 잘못된 것에 대한 증거를 수집하는 것 이상을 해야 한다. 학습은 조직의 기본적인 가정과 믿음을 변화시키는 데 대한 것이다. 학습은 운영 취약점의 진정한 출처를 확인하고, 인식하고, 영향을 미치는 데 대한 것이다. 사실 이런 학습은 실제로 사고가 발생하기 전에도 가능하며, 이 장의 나머지는 조직 학습의 기회와 어려움에 대한 것으로, 이는 사고 발생 전 뿐만 아니라 사고 발생 후에도 해당된다.

12.1 안전문화에 투자하기

사고로 인해 겁나고, 놀랍고, 일반적으로는 경제적 손실이 큰, 그런 순간의 풍경이 펼쳐지고 난 뒤에야 안전에 대해 관심을 갖게 된다. 하지만, 반드시 그럴 필요는 없다. 조직에서는 소위 "안전문화"에 노력을 기울일 수 있는데, 안전과 안전에 위협적인 사안에 대해 지속적인 학습을 하기 위한 것이다.

안전문화가 구축되면 상사도 나쁜 소식을 들을 수 있다.

12.1.1 안전문화의 쉬운 문제와 어려운 문제

안전문화를 구축하려면 조직에 쉬운 문제 하나와 어려운 문제 하나 두 가지 문제가 대두된다. 쉬운 문제는(실제로는 결코 쉽지 않지만, 비교적 단순하다) 나쁜 소식이 상사에게 전달되도록 하는 것이다. 다수의 조직에서는 바로 이런 일을 하기 위해 안전보고 시스템을 도입하는데, 이것은 사건이나 사고로 발전하기 전에 문제점을 확인하고 다루기 위한 시스템이다.

어려운 문제는 무엇이 나쁜 소식인지를 결정하는 것이다. 10장에서 인적 오류에 대한 꼬리표의 하나인 "무사안일"을 다루었는데, 이로 인해 운영이나 조직 전체에서 규범에 대한 생각이 전이됨으로써, 나쁜 소식도 전이된 것을 확인했다. 예를 들어 운영자가 부지불식간에 안전을 축소하여 일정을 준수했다면 규범적이라 할 수 있다. 이와 같은 경우라면, 출발과 도착을 위해 서두를 수밖에 없다는 것이 보고할 가치가 있는(또는 그 일에 대해 경청할 가치가 있는) 나쁜 소식은 아니다. 그것은 모든 사람이 지키려하는 규범인데, 왜냐하면 안전성을 명백하게 저해시키지 않으면서도 여타의 중요한 조직 목표를(고객 서비스, 경제적 이익) 만족시켜주기 때문이다.

조직이 안전성이 저해되지 않았다는 인식에서 벗어나기 위해 외부 감사를 통해 도움을 받는 것도 하나의 방법이다. 다른 말로 하면, 조직 내부 종사자에 대한 정상적이고 일상적인 결정이나 조치 중에서 "나쁜 소식"을 발견하는 데는 이해관계가 없는 중간적인 입장에 있는 관찰자가 더 좋을 수 있다.

12.2 실패의 비학습 징후

실패를 겪은 후 또는 실패를 겪기 전에, 다수의 조직은 실패로부터 배우는 것을 목표로 한다. 인적 오류를, 조직 깊숙이 감춰져 있는 시스템적인 문제로 보는, 새로운 관점을 받아들이려는 마음을 가득 품고 실패로부터 배우려간다. 하지만, 배우는 길에서 여러 가지 장애를 만나게 되며, 이로 인해 배우려는 의지가 좌절되는데, 심각한 실패를 겪은 후이거나 실패를 겪으러 가는 도중에 그렇게 된다. 다음에 설명하려는 것은 비학습의 징후에 대한 것으로, 이들 모두는 조직이 근본적인 변화를 제한하려고 취하는 방법에 대한 것이다.

12.2.1 "인간은 오류를 범하게 마련이다"

비록 배려하는 측면이 있기도 하지만, 조직에서 "인간은 오류를 범하기 마련이다"라고 할 때는, 더 이상은 오류를 조직 깊숙한 곳에 내재된 문제점에 대한 신호로 해석하지 않아도 된다는 의미로, 오류를 범하는 것도 정상적인 업무의 일환이라는 것이다.

"의사가 자신의 실수를 솔직하게 털어놓을 수 있는 곳이 하나 있다. 그 곳은 질병률과 사망률 학회로 단순하게 M & M(질병률과 사망률; Morbidity and Mortality)라고 불린다. 외과의사는, 특히, M & M을 진지하게 받아들인다. 이곳에서 외과의사들은 문을 걸어 잠그고, 그들이 집도할 때 생겼던 실수, 합병증, 사망에 대해 검토하여, 책임소재를 밝히고, 다음번에 다르게 할 수 있는 방법을 찾아낸다."

실패로부터 배우려고 노력하는 세련된 기구이지만, M & M은 모든 의사가 오류를 범할 수 있다는 것을 가정하며, 의사라면 누구도 오류를 범하지 말아야 하지만, 오류를 범하지 않는 것은 전적으로 마음먹기에 달려 있다고 본다. 이렇기 때문에 보다 깊숙한 곳에 숨어 있는 오류 유발 상황에 대한 탐색이 이뤄지지 않는다. 사실 "M & M에서는 이런 상황은 전혀 고려하지 않는다. 이러한 이유로 다수의 전문가는 M & M의 접근방법이 오류 분석과 의학계에서의 성과 향상에는 별로 기대할 것이 없다고 생각한다. 다음번에 써먹기 위해, 단지 임상의가 다르게 했어야, 또는 할 수 있었어야 하는 것을 묻는 것만으로는 충분치 않다. 일련의 사건에서 의사가 최종적으로 실패를 유발시킨 경우가 종종 있지만, 더 상세한 조사와 개선이 필요한 것은, 개인이 아니라, 과정이라고 오류 전문가들은 주장한다."[1]

12.2.2 "본보기 보이기"

운전자 개인을 벌주거나 질책하여 "본보기를 보여줘야한다"고 믿는 조직은 실패로부터 배울 수 없다. 오류를 범하면 개인에게 반드시 처벌이 따르므로, 다른 사람들이 더 조심스러워야 한다는 걸 배울 것이라고 조직이 생각하는 것은 환상에 지나지 않는다.

이렇게 하면, 오류를 범하지 않도록 하는 대신에, 오류에 대한 보고나 오류 유발 상황에 대한 보고를 하지 않게 만든다는 것이 문제다.

신규 운전자가 처음으로 운전 자격을 취득할 때, 일종의 "신고식"으로 운전 절차서를 위반하는 것은 조직에서 가끔 볼 수 있는 일이다. 이렇게 함으로써 신입사원은 처음 운전하는 기계를 고참 사원처럼 잘 다룰 수 있다는 것을 그들에게 보여준다. 확신컨대, 신규 운전자 모두가 그렇게 하지는 않겠지만, 그런 사람이 많다. 사실, 그렇게 하는 사람이 얼마나 많은지는 모른다. 그러나 관리자가 절차 위반 소식을 듣게 되는 경우가 종종 발생하는데, 이런 경우 관리자의 반응은 위반자 개인을 처벌함으로써(통상적으로 강등시킨다), "본보기를 보인다."

조직이 이렇게 반응하면, 문제는, 운전 자격 취득의 위험성을 완화시키는 대신 오히려 심화시킬 수 있다. 신규 운전자는 규칙 위반뿐만 아니라 발각이 되지 않아야 한다는 중압감도 감수해야 하기 때문에, 신고식에 참석한 사람들 모두는 매우 긴장하게 된다. 왜냐하면, 이들은 발각되지 않으면 규칙을 위반해도 된다는 메시지로 받아들이기 때문이다. 그런데 만약 발각될 경우, 벌 받아 마땅하다고 생각지만, 규칙을 위반했기 때문이 아니라, 발각될 정도로 멍청했기 때문이라고 생각한다.

평상시보다 더 많이 규칙을 위반한 것이 발각된 몇 명의 운전자를 신규 운전자 교육에 교사로 투입해볼 것을 제안한 적이 있다. 이런 교사라면 자신의 경험을 토대로 실무에 대한 중압감 및 위험성 그리고 자격 취득에 대해 설명을 잘 할 수 있을 것이라고 판단했기 때문이다. 하지만, 경영진이 제안을 기각시켰는데, 이유는 규칙을 위반한 운전자 모두는 범법자로서 처벌을 받아야 한다고 생각하기 때문이다. 그들을 교사로 "승진"시키는 것은 전혀 잘못된 메시지를 전하는 것으로 생각됐는데, 경영진이 그런 잘못된 행동을 용납한 것처럼 보일 수 있다는 것이다.

12.2.3 구획화하기

안전과 관련된 정보를 다루는 방법 중에 시스템 안전에 대한 기본적인 믿음이나 가정을 위협하는 한 가지 방법은 업무를 구획화하여 가둬놓는 것이다.

위에서 언급된 조직에서, 신규 운전자가 처음으로 기계 작동에 대한 자격 심사를 받을 때 "신고식"이 벌어졌다. 보통 이런 일은 교육부서 주최로 진행이 된다. 다른 부서가 이런 말을 듣는다면, 그들 모두 뻔뻔하게 "교육 문제"라고 떠들 것이다. 다른 말로 하면, 이 문제는 자기들과 아무런 상관이 없고 배울 것도 없다는 것이다.

구획화를 하게 되면 안전 정보 전달이 원활하지 않다는 것이 문제이다. 구획화의 저변에 깔린 가정은, 변화가 꼭 필요한 경우라도, 나와는 무관한, 독립된 사안이며, 다른 사람의 문제라는 것이다. 그것을 통해 조직 전체가 변화의 필요성을 확인할만한 그리고 폭넓게 배울만한 교훈은(문화에 대해, 예를 들면) 없다는 것이다. 위에 언급된 예에서, 운전자 모두는, 교육부서 밖에 있는 모든 운전자도 포함해서, 한번은 신규 운전자였으므로, 신고식이 내포하는 중압감을 체험하거나 영향을 받지 않을 수 없을 것이다. 고신뢰조직(실패로부터의 학습에 많은 노력을 기울이는 조직)의 특징은 무엇보다도 사건을 통해 공통점을 찾아내는 능력을 갖추었다는 것이다. 부서들이 다른 시공간에서 발생한 문제점과 거리를 두거나, 자기 부서 일이 아니라는 것을 주장하기 위해 상이점과 유별난 특성(사실이든지, 상상한 것이든지 상관없이)에 집중하는 대신에, 고신뢰조직은 모두가 배우기 위한 교훈을 포함하고 있는 유사점을 찾는다.

12.2.4 다른 사람 비난하기 : 규제자의 경우

안전이 최우선인 대부분의 산업에서는 어떤 식으로든지 규제가 이뤄진다. 사고 고유의 자료를 확인하고 나면, 규제자의 감시가 "실패한" 곳에서는 항상 빈틈을 발견할 수 있다. 그렇다고 이것이 그렇게 중요하지는 않다. 왜냐하면, 사후확신을 통해 규제자의 감시 내용을 확인한다고 해서 이런 빈틈이 생긴 이유에 대해, 즉 지금 보건데 명백한 누락에 대해, 설명해주지는 않기 때문이다. 대부분의 규제자는, 과중한 업무에 시달리며, 끊임없이 바뀌는 기술과 작업 관행을 숙지해야 하고, 제한된 범위의 지식으로 업무를 처리해야 하기 때문에, 실제로 사고를 발생시킨 복잡하게 상호 연계되어 있는 사고 발생 순서를 예측하기 어렵다. 따라서 사고가 발생하면 규제자가 제 역할을 수행하지 못했다는 온갖 의혹이 제기되기 마련이다. 만약 여러분이 조사에서 규제자를 다뤄야만 한다고 느낀다면, 규제자가 잘못한 곳을 찾으려 하지 말고, 운전자의 판단과 조치를 조사하면서, 규제자의 절충, 인식, 판정이 그 당시 현장에서 어떤 의미로 받아들여졌는지를 찾아야 한다. 다시 말하면, 운전자가 그들에게 주어진 목표, 자원, 상황에 대한 이해를 가지고 그들이 행하거나 바라본 것이 왜 옳은지를 찾아야 한다.

규제자를 공개적으로 비난하는 또 하나의 불평은 규제자가 피규제자와 결탁했다는 것인데, 이것은 관심을 딴 데로 돌리게 하는 것이다(그리고, 흥미롭게도, 거의 보편적으로 피규제자는 결탁을 부정한다. 결탁에 대한 불평과는 무관하게, 피규제자가 보는 규제자는 흔히 일정을 지연시키고, 간섭이 심하고, 위협적이라는 것이다). 필요한 정보를 얻기 위해, 규제자는 거의 대부분을 피규제 조직이나, 그 조직 피규제자와의 개인적인 관계에 의존한다. 실제로 규제자가 선택에 기로에 서게 되는 것이, 안전-관련 정보에 접근하기 어렵더라도 피규제자와 적대적인 분위기를 형성할 것이냐, 아니면 안전성 향상을 위해 공동의 노력을 경주하여 모두가 바라는 최선의 관계를 구축할 것이냐 하는 것이다.

여러분이 실수로부터 배우지 않고 남에게, 즉, 다른 사람, 다른 부서, 다른 회사(장비 공급자), 다른 종류의 조직(예를 들면, 규제자 대비 운전자)에게 "책임을 전가"한다면, 배워야 할 교훈을 외면하면서 자기 자신을 속이게 된다. 실패는 남의 문제가 아니다.

12.3 학습의 장애

앞의 절에서, 여러분은 조직이 실패로부터 배우지 않게 되는 징후를 인식하게 되었을 것이다. 그런데, 조직이 왜 배우지 않을까? 이미 1장에서 언급한 이유(자원 부족, 실패에 대한 반응, 사후확신 편향, 인적요인에 대한 제한된 지식) 이외에도, 실패로부터 배우는 데는 제도적인 장애가 더 있다.

12.3.1 운전자 출신 관리자

안전을 최우선으로 하는 다수의 조직을 특징짓는 것은 운전자 출신 고위 관리자가 흔하며, 아직도 운전을 하는 경우(단시간 근무)도 있다는 것이다. 예를 들면, 병원에서 의사가 부서를 운영하며, 항공사에서 조종사가 그럴 수 있다. 한편으로, 이것이 기회가 될 수 있는데, 관리자가 운전자와 더불어 운전자의 업무 수행에 부과되는 압박이나 난제를 찾을 수 있기 때문으로, 이렇게 되면 저변에 깔린 오류의 출처에 운전자가 접근하기 쉽게 할 수 있다.

그러나 이것이 역효과를 낳을 수도 있다. 관리자가 운전자 출신이라는 사실로 인해 모든 사람에게 영향을 미치는 근본적인 변화를 제안할 때 의심의 눈초리를 받을 수도 있다.

위에서 언급됐던 사례에서 고위 관리자가 운전자나 전임 운전자로 구성된 바로 그 조직이라고 하자. 만약에 이 조직에서 관리자가 신고식과 관련된 위험을 줄이거나 없애려고 한다면 어떻게 될까? 이 관리자는 한때 신규 운전자로서 운전자격 획득 시 같은 일을 겪었을 가능성이 크다. 이 관리자가 관행을 저지하기 위해 제안을 한다면 그것이 뭐가 됐던 잘 믿으려 하지 않을 것이다.

12.3.2 과열된 안전 관리

때때로 사고를 조사하는 공식적인 과정과 변화에 대한 권고 사항 도출은 그 자체가 실패로부터 배우는 방법으로 유효하다. 사고 발생 이후, 산업체가 대중에게 노출된 정도에 따라 다르지만, 지적 사항과 권고 사항을 신속히 도출하라는 압력은 엄청나다. 안전에 대한 심한 우려가(또는 이러한 우려를 나타냄이) 조사를 신속히 종결지으라는 압력으로 작용하게 되어, 사고와 그의 내부 깊숙한 출처에 대한 학습이 수박겉핥기식으로 전락할 수 있다.

또한, 회사 내부에서나 산업계 전반에서 제기되는 안전에 대한 우려로 인해 안전부서나 안전 전문가의 배출을 장려할 수도 있다. 이렇게 해서 전업 안전 담당자가 만들어지다 보면, 실무 공정에 대해 너무 이상적으로만 보기 때문에 일상 업무에서 도태되고, 일상적으로 안전에 결정적인 업무를 실행하고 있는 실무자의 시각을 더 이상 유지하기 어렵게 된다.

12.3.3 소송

더욱 더 당연하게 여기지만, 대부분의 안전 공동체에 우려가 되는 것은, 사고에 연관된 운전자가 기소되거나 (형사상) 범법 행위로 고발된다는 것이다.

벨류제트 비행기 592편이 짐칸에 있던 산소 생성기에 불이 붙어 마이애미 공항 이륙 후 추락했다. 산소 생성기는 정비 하청업체 직원이 비행기에 실었는데, 추후에 그 직원은 기소되었다. 애비에이션 위크 앤 스페이스 테크놀로지 편집자는 “세이버테크 직원이 산소 생성기에 마개를 씌우지 않은 잘못으로 인해 110명의 승객과 승무원이

사망으로 이르게 한 것은 고의적인 태만이라고 굳게 믿는다. 검사는 이들을 기소해야 한다. 그렇게 해서 일을 제대로 하지 못하면 형벌을 받는다는 두려움을 심어줘야 한다."고 논평했다.2)

하지만 관련자를 기소함으로써 중요한 점을 놓쳤다. 기소로 인해 근본적인 교훈을 배울 필요가 간과됐는데, 근본적인 교훈은 최초 사건 발생 장소에서 배울 수 있다는 것을 인식해야 했다. 세이버테크 회사의 경우, 하위직급의 정비사가 살았던 세상은, 상사에게 절대복종해야 하고, 불시해고가 난무하며, 기간이 만료된 산소 생성기에는 안전 마개를 제공하지 않는 식으로 운전은 위태로웠으며, 경험이 부족한 신규 항공사는 항공사를 지원하는 정비조직과 마찬가지로 심한 재정적 압박에 시달렸다. 또한 언어 장애로 인해 곤란을 겪었는데, 영어로 된 기술 용어를 사용해야 하는 환경에서 다수의 근로자는 스페인어를 사용했다.

"실제로 일어난 일은 이러했다. 세이버테크사의 마이애미 격납고에서 밸류제트 비행기 3대에 대한 작업을 수행했다고 기재된 인력은 거의 600명에 달했다. 기록에 의하면 그 중에서 72명은 910시간 동안 수주에 걸쳐, 허가된 수명이 끝나 "기한이 만료된" 산소 생성기를 교체하는 작업을 수행했다. 밸류제트사의 작업지침 0069의 7개 공정 중 2번째는, '만약 산소 생성기 내용물의 소비가 완료되지 않았다면 운반용 마개를 발사 핀에 씌운다.'는 것이다.

이런 공정을 수행하기 위해 악조건 하에서 일하는 정비공들이 해야 하는 것은 두 가지 금속용기를 구분하는 것인데, 하나는 '기한이 만료된' 것으로, 정비공들이 제거해야 하는 금속용기이고, 다른 하나는 '소비가 완료' 되지 않은 것으로, 정비공들이 제거해야 하는 것이지만, 산소가 장전되어 있고 발사 준비 상태에 있기 때문에, 존재하지도 않는 마개를 씌워야 하는 금속용기이다. 또 하나 가능성이 있는 것은 기한이 만료되고 소비도 완료된 것이다. 다른 하나는 기한이 만료되지 않았지만 소비가 완료된 것이다. 그리고 물론, 아주 간단한 것인데, 새로 교체될 금속용기로, 소비도 완료되지 않았고 기한도 만료되지 않은 것이다.3)

이와 같은 상황은 밸류제트사의 사고가 발생하기 오래 전에도 있었고, 지금도 여러 곳에 있을 것이다. 형벌에 대한 두려움 때문에 이런 상태에 대한 정보의 흐름은 막히게 된다. 그런데 정보야말로 안전문화의 향기를 발하게 할 수 있는 화려한 꽃이다. 이전에 언급한 정보의 흐름이란 나쁜 소식을 실제로 언급했어야 하는 것이다. 정보의 흐름을 통해 종사자의 임무와 도구의 특성이 나타났어야 했고, 사고를 잉태시킨 일들을 조성하게 된 고질적인 취약점이 드러났어야 했다. 어떤 자원을 사용하여 어떤 환경과 압박 하에서 수행되는 업무와 인적 오류가 불가분의 관계로 연결되어 있다는 것을 정보의 흐름이 밝혀준다.

각주

1) Gawande, A (1999). When doctors make mistakes. The New Yorker, February 1, pages 40-55.
2) North, D. M. (2000), Let judical system run its course in crash cases. Aviation Week and Space Technology, May 15, page 66.
3) Langewiesche, W. (1998). Inside the sky. New York: Random House, page 228.

13. 인적 오류 사고에 적용할 규칙

조사관 여러분은 이 실무지침서의 어떤 것을 실무에 적용할 수 있을까? 인적 오류의 잔해를 마주할 때, 적용해야 할 핵심 규칙은 어떤 것이 떠오르나? 이 장은 실무지침서에서 가장 중요한 교훈을 모은 것이다. 이러한 교훈 모음으로부터 여러분이 올바르게 하기 위해 해야 할 것과 하지 말아야 할 것을 알게 될 것이다.

여러분이 사건 발생 현장에서 조사를 진행해야 하는 이유는 일련의 사건으로부터 산출된 결과물이 될 것이 거의 확실하다. 만약 잘못된 결과물이 없다면(또는 결과물이 산출될 가능성이 없다면), 조사는 진행되지 않을 것이기 때문이다. 하지만, 여러분이 결과물을 알고 있거나 유사 결과물에 대한 심증을 갖고 있고, 결과물 때문에 현장에 있어야 한다는 것이 조사에는 골치 아픈 문제로 작용한다. 문제는 여러분이 갖고 있는 결과물에 대한 지식으로 인해 인적 행적을 평가하는 능력에 지장을 받는다는 것이다. 그래서 **실무절차서 적용 규칙**은

(1) 일련의 사건에서 산출된 결과물을 가지고 그런 결과물을 산출하게 된 결정이나 조치를 평가하면 안 된다.
일단 결과물을 알게 되면, 그것을 모른 척 할 수는 없는 것은 당연하다. 그러나 사후확신 편향으로 인한 시스템적인 영향을 항상 떠올려서 조사에 방해가 되지 않도록 해야 한다.

(2) 여러분이 지금 사실로 알고 있는 요소들과 사고 당시 종사자를 둘러싼 사실을 섞지 마라. 종사자의 행적을 그것이 드러난 환경으로 되돌려 놓고 그 상태대로 놔두어라.

(3) 여러분이 잔뜩 끌어 모은 새로 나타난 증거를("이것 좀 보세요! 정말로 그랬던 것이 분명해요!") 조사 대상인 종사자에게 보여주지 말아야 하는데, 왜냐하면 그런 방식으로는 사건 당시 종사자에게 전개됐던 상황을 확증할 수 없기 때문이다.

(4) 일관성, 확실함, 명료함은 사후확신을 통해 여러분이 얻은 것이지, 상황 내부에 갇혀 있던 종사자가 구할 수 있던 자료가 아니다. 종사자가 처했던 상황은 모호함, 불확실함, 여러 가지 압박으로 점철되었을 것이 거의 확실하다.

(5) 인적 행적에 대해 이해하려면, 그 당시 종사자를 둘러싼 상황이 어떻게 전개되었는지를 이해하고, 상황 내부에서의 관점을 가져야 한다. 그로부터, 종사자가 내렸던 판단이나 조치가 어떤 의미를 갖는지를 이해해야 한다.

(6) 인적 오류 조사의 핵심은 종사자가 한 일을 왜 그렇게 했는지 이해하는 것이지, 종사자가 하지 않은 일에 대해 판정을 내리는 것이 아니라는 것을 명심해야 한다.

이런 실무지침서 적용 규칙에도 불구하고, 인적 오류를 조사하다보면 실수를 범하기 쉽다. 실제로 모든 오류는 뭐가 됐든지 사후확신 편향에 기인한다. 다음과 같은 실수를 범하지 말아야 한다.

· **조건법적 추론 오류**

종사자가 사고를 피하기 위해 할 수 있었거나 했어야 했던 것을 말하게 된다. ("만약 그들이 그렇게만...") 종사자가 할 수 있었던 것을 하지 않았다고 말해봐야 종사자가 한 것을 왜 그렇게 했는지에 대해서는 설명할 수 없다.

· **자료의 입수 가능성-관찰 가능성 오류**

종사자를 둘러싼 세상에서 입수 가능했던 자료를 강조하고, 종사자가 어떻게 그 자료를 누락할 수 있었는지에 대해 궁금하게 된다. 그 자료가 상황에 대한 실상을 보여줬든지 또는 보여줄 수 있었는지를 지적한다고 해서 그 당시 종사자가 이해하는 상황을 설명하지는 않는다. 그렇기 때문에 종사자가 관찰했거나 사용한 자료가 어떤 것이고, 어떤 식으로, 그리고 왜 그랬는지를 이해할 필요가 있다.

· **부분-합치 오류**

부분적인 종사자의 행적을 추후에 여러분이 문서에서 발굴해낸 모든 종류의 규칙과 절차에 맞춰보려 할 것이다. 그러면 당연히 종사자가 절차를 준수하지 않아 생긴 틈새를 발견할 수 있을 것이다. 그러나 이러한 불일치를 가지고 종사자가 한 일을 왜 그렇게 했는지를 결코 설명할 수 없을 것이다. 그리고 이런 불일치가 여러분이 조사하는 일련의 사건에서만 발생했던 것이 아닐지도 모른다.

· **선별적 취사선택 오류**

사건 결과물을 근거로 사후확신을 통해 여러분이 대단히 중요한 조건을 찾았다면(종사자가 서둘렀다), 여러분이 옳다는 것을 입증하기 위해 일련의 사건을 추적할 것이다. 이것은 적용 규칙 2를 확실히 위반한 것이므로, 종사자의 행적을 그것이 드러난 맥락에 그대로 놔둬라. 여러분이 실제로 사후확신을 통해서만 주장할 수 있는 것을 입증하기 위해 관계도 없는 조각 자료를 거론하지 마라.

항상, 국부적 합리성 원칙을 기억하라. 종사자의 인식 처리 능력은 무한대가 아니다(사실, 기계건 인간이건 이 세상 천지에 인식 처리 능력이 무한대인 것은 존재하지 않는다). 항상 종사자가 모든 것을 알 수는 없다. 종사자가 다룰 수 있는 것은 한정된 단서, 지시값, 증거, 지식, 목표이다. 종사자에게 의미를 갖게 하는 것은 그의 관점, 지식, 목적과 한정된 자원을 통해 이뤄진 것이다.

요점은 이것이다. 종사자가 행한 조치나 판단은 상황 내부에서 종사자의 위치에서 봤을 때 **의미를 가져야 한다.** 만약, 최선을 다했으나, 종사자가 행한 조치와 판단의 의미를 알지 못하겠다면, 인적요인으로는 종사자의 행위를 설명해줄 수 없을지 모른다. 어떤 결정이나 조치에 대해 정말로 의미를 부여할 수 없다면 정신과나 임상 심리학과에 가볼 필요가 있을지 모른다. 고의적 태업의 증거가 있다면 형사를 찾아봐야 할지 모른다. 인적요인 개념을 사용하여(그리고 복잡하고 동적인 세상에서 행해질 수 있는 대부분의 행적을 고려하여) 인적 행적에 대해 의미를 부여할 수만 있다면, 인적요인 분야에서 그리고 이 실무지침서 적용 범위 내에서 조사를 수행하면 성과가 있을 것이다. 의미를 부여할 수 있을 때까지 강하게 밀어붙여라. 그래야 할 것이다.

다음에 9장에서 설명한 단계를 간략하게 반복하였는데, 사고 발생 시 나타난 행적에 단계적으로 의미를 부여하는 방법이다.

단계 1. 여러분이 수집한 자료를 토대로 사건 진행 순서를 펼쳐 보인다. 사고가 발생한 산업분야에서 사용하는 용어(맥락-특정 용어)를 사용하여 사건을 구성하고, 구성 원리에 따라 시간(장소)를 사용해서 사건을 구성한다.

단계 2. 개별적으로 학습이 가능하도록 일련의 사건을 에피소드 별로 나눈다. 각각의 에피소드에는 별도의 인적요인 개념을 이용하여 설명하겠지만, 추후에 에피소드의 경계를 조절할 수도 있다.

단계 3. 이들 사건 각각을 둘러싼 상황의 결정적인 특성을 재구성하라. 그 당시 종사자에게 보인 세상은 어떠했고, 어떤 공정을 수행하고 있었나? 종사자에게 입수 가능했던 자료는 무엇인가?

단계 4. 각각의 에피소드마다 종사자가 무엇을 했고 달성하려 한 것이 무엇인지 확인하라. 실제로 관찰 가능한 자료가 무엇인지 재구성하라. 종사자가 추구한 목표가 무엇이며, 어떤 지식을 사용했으며, 그 결과로 어느 곳에 주의를 집중했는지 확인하라. 끈질기게 매달려서, 종사자의 행위에 의미가 부여될 때까지 박차를 가하라.

단계 5. 일련의 사건에서 여러분이 재구성한 상세한 내용을 인적요인 개념과 연결하라. 다른 말로 하면, 단계 1의 장부와 평행하게 일련의 사건에 대한 장부를 확보하는데, 이번에는 개념-의존, 또는 인적요인 용어로 작성하라. 이것을 통해 여러분은 사고를 아우르고 보다 폭넓은 사고 유형을 이해하게 될 것이다.

그렇다면 조사를 제대로 했는지 어떻게 알 수 있을까? 알 수 없다, 사실. 과거의 행적을 설명하기 위해 구성한 이야기는 항상 잠정적인 것이다. 만약 누군가가 무슨 일이 발생했는지 "정확하게" 알고 있다고 주장하면 믿지 말고, 여러분이 조사를 통해서 그런 감정을 갖게 됐다면 여러분 스스로를 믿지 말아야 한다. 새로운 자료로 인해 여러분의 잘못이 밝혀질 수 있고, 경우에 따라서는 여러분이 도출해낸 것보다 더 좋은 해석이 있을 수 있다. 이런 이유로 흔적을 남기는 것이 중요한데, 종사자가 스스로 발견한 상황을 재구성하기 위해서도 중요하며, 그리고 그것을 이용하여 대중 모델이 아닌 심리학적 모델 구축을 착수하기 위해서도 중요하다. 만약 여러분이 다른 사람으로 하여금 여러분이 한 일을 검토하고 재해석할 기회를 제공하길 원하면, 그들이 재량을 가능한 많이 발휘할 수 있도록 해야 한다.

마지막으로, 각각의 "인적 오류"를 대할 때마다, 부착된 심리학적 꼬리표가 전통적인 것이거나 유행하는 것이거나 상관없이(잘못된 결정, 상황 인식 결여, 위반, 관리자 결함, 규제 실수), 조사의 착수점으로 삼거나 새로운 부분의 시작으로 해야지 결론으로 여기면 안 된다. 실제로, 운전자 오류를 설계자, 조직, 규제자 오류로 대체한다고 해서 얻을 수 있는 것은 아무 것도 없으며, 또 하나의 조사를 착수하는 것에 지나지 않는다. 절대로 다른 사람을, 그가 누구이든지, 어디에 있든지, 오류 유발자로 손가락질 하지 마라. 다른 곳에서, 상이한 "인적 오류"를 마주치면, 단계 1로 돌아가야 한다. 오류는, 다른 어떤 이름에 의해서도, 또는 다른 어떤 인간에 의해서도, 여러분이 진단을 시작하는 점이지, 진단을 끝내는 점이 아니다.

13.1 죄인 대 성인; 변명하기 대 설명하기

이 실무지침서가, 어느 정도는, 범인을 올가미에서 놓아주려는 음모로 보일 수 있다. 실무지침서에 포함된 단계를 통해, 어느 정도는, 커다란 변명 하나를 늘어놓는 것 같으며, 오류에서 벗어나는 설명을 하고, 오류를 덜 나쁘게 만들고, 덜 터무니없게 만들고, 덜 죄스럽게 만들고, 평범하게 만든다.

이런 반응은 이해가 간다. 어떤 사람들은 항상 시스템 장애로 인해 가장 큰 타격을 받게 된다. 흔히 이런 사람들은 조직의 후방에 자리하고 있는, 관리자, 감독자, 이사들로서, 이들이 바로 사고에 대한 설명을 고객, 환자, 승객, 주주, 변호사에게 해야만 할 사람들이다. 이 실무지침서가 마치 결함 있는 운전자를 변명할 수 있도록 하는 것처럼 보일 수 있다. 또한, 어차피 안전한 시스템이므로, 그들에게 가벼운 경고 혹은 아무 제재를 가하지 않고 마치 교정이 불가하고 믿을 수 없는 요소로서 그냥 방치하는 것처럼 보일 수도 있다. 그러나 실무지침서가 추구하는 것은 모호한 인간 행적의 수수께끼를 설명하는 데 도움을 주려는 것이지, 그것에서 발뺌하려는 것이 아니다. 종사자의 행적에 대해 설명하는 것과 변명하는 것에는 차이가 있다. 설명에 대해 실무지침서가 도움을 주려는 것이다. 변명에 대한 것을 실무지침서가 다루지 않지만, 조직이나 산업계에서 사고에 대한 관례나 반응을 지배하는 규범이나 법칙에 달려 있는 것이다. 사실, 변명에 관한 이런 논의 전부는 아무런 결론을 기대할 수 없는 해묵은 논쟁을 들먹이는 것일 뿐이다. 이 논란의 쟁점은

· 인적 오류가 우리의 본성인가? 안전할 시스템 안에 인간이 죄인으로 태어난 것인가?
· 혹은 환경이 그렇게 만든 것인가? 인간은 본래 선한데, 결함 있는 조직에 속수무책으로 당하다보니, 잠재적인 사고로 가득한 시스템에서 발을 삐끗해서 그렇게 된 것인가?

종사자는 죄인도 아니고 성자도 아니다, 잘 하면 둘 다일 것이다. 이런 논란과 그 논란 안에 있는 근본적 차이는, 우리가 해결해야 할 난제를 너무 단순화하는 것인데, 우리가 진정으로 원하는 것은 인적 오류를 유발하는 복잡하고 동적인 시스템을 이해하는 것이기 때문이다. 안전은(또는 사고는) 시스템에서 발현한 특성인데, 시스템 전체와 변화무쌍하고 불확실하며 자원이 부족한 세상에서 시스템이 어떻게 기능하느냐에 따른 부산물이다. 안전도 그리고 사고도 이들 시스템 내부에서 단체나 개인이 선택할 수 있는 특권이 아니다.

이것이 조직이든지 개인이든지 죄인 색출로 해결될 수 없는 이유이다. 시스템에서는 실패를 통해 배우는 것과 책임져야 할 개인이나 단체를 처벌하는 것을 동시에 처리할 수 없다. 비록 동시에 처리할 수 있을 것으로 보이겠지만, 두 가지 사항은 서로 배타적이다.

· 처벌은 근본적으로 안전한 시스템이 건전하다는 믿음을 고수하는 것이다(시스템의 유일한 위협은 지금 처벌하려는 종사자이거나 어쩌면 종사자 처벌을 본보기로 받아드릴 사람들이다). 학습은 이런 믿음을 바꾸는 것이며 그에 따라 시스템을 바꾸는 것이다.

- 처벌은 범인을 사고의 유일무이한 부분으로 여기는데, 범인이 없었다면 사고가 발생하지 않았기 때문이라고 생각하기 때문이다. 학습은 사고를 시스템의 일부로 여긴다.
- 처벌을 통해 종사자는 다음에는 들키지 않아야 하겠다는 것을 배운다. 학습은 오류-유발 상황을 제거하는 대책에 대한 것이기 때문에 다음이 없게 된다.
- 처벌을 통해 안전-관련 정보의 흐름이 막힌다(왜냐하면 종사자가 들키는 것을 원치 않기 때문이다). 학습을 통해 정보의 흐름은 더욱 원활하게 된다.
- 처벌로 인해 시스템은 참혹한 사건을 겪고 파멸로 내몰릴 수 있다. 학습을 통해 시스템은, 참혹한 사건을 시스템이 보유하고 있는 지식 안에 굳건히 녹아들게 함으로써 지속적인 발전을 도모할 수 있다.

The field guide to human error investigations

참사는 이제 그만

인쇄 발행 2023년 2월 발행

저자 Sidney Dekker

번역 백주현 · 송진호

발행인 송기수

발행처 도서출판 GS인터비전

편집인 이선경

편집처 도서출판 GS인터비전

인쇄처 트윈벨 미디어

등록번호 제 25100-2016-000050 호

주소 서울 은평구 증산로 15길 69, 2층

전화 02-976-7898

팩스 02-6468-7898

이메일 gsinter7@gmail.com

홈페이지 gsintervision.co.kr

ISBN 979-11-5576-427-5(93530)

정가 20,000원

도서출판 GS인터비전